高等学校自动化类专业系列教材

PLC 应用与实践

管丰年　程志强　王文成　编　著

李　健　侯崇升　主　审

西安电子科技大学出版社

内 容 简 介

本书基于工程应用,从实践的角度出发介绍 PLC 技术,书中在简单概述 PLC 技术的发展后,分别给出了各种不同类型和层次的实验与实践项目。全书的主要内容包括 PLC 基础型、应用型和综合型实验项目,基于 PLC 的基础课程设计项目,基于 PLC 和上位机的综合课程设计项目,PLC 工程设计中需要掌握的基本知识,典型环节控制程序和实际工程设计案例,最后还介绍了 STEP7-Micro/WIN 编程软件的操作及使用方法。本书以典型实例介绍了常用逻辑指令和功能指令的应用,使读者加深对指令的理解,增强对 PLC 工作原理的认识,实现理论知识到技能的转换,为 PLC 工程设计奠定了坚实的基础。附录给出了 S7-200 系列 PLC 特殊寄存器标志、中断事件、技术指标,以及 I/O 扩展模类型的有关说明。

本书可作为高等学校自动化类、电气类及相关专业的实践教学用书或教学参考书,也可作为电气工程、控制工程领域技术人员的培训教材或参考书。

图书在版编目(CIP)数据

PLC 应用与实践 / 管丰年,程志强,王文成编著. —西安:西安电子科技大学出版社,2021.2
ISBN 978-7-5606-5961-9

Ⅰ. ①P… Ⅱ. ①管… ②程… ③王… Ⅲ. ①plc 技术—教材 Ⅳ. ①TM571.61

中国版本图书馆 CIP 数据核字(2021)第 016079 号

策划编辑 刘小莉
责任编辑 刘小莉 张 瑜
出版发行 西安电子科技大学出版社(西安市太白南路 2 号)
电　话　(029)88242885　88201467　　　邮　编　710071
网　址　www.xduph.com　　　　　　电子邮箱　xdupfxb001@163.com
经　销　新华书店
印刷单位 陕西天意印务有限责任公司
版　次　2021 年 2 月第 1 版　　　　2021 年 2 月第 1 次印刷
开　本　787 毫米×1092 毫米　1/16　　印张 13.25
字　数　310 千字
印　数　1~2000 册
定　价　39.00 元
ISBN　978-7-5606-5961-9 / TM
XDUP 6263001-1
如有印装问题可调换

前　　言

随着 PLC 技术的迅速发展，其应用领域越来越广泛，涉及重工业、轻工业、交通运输、环保、文化娱乐等各个方面。PLC 技术实践性与应用性都很强，要掌握相关的理论，形成工程设计能力，除了需要认真学习之外，还需要有较长时间的实际训练。在这个过程中，实践教学是一个非常重要的环节。实践教学的实施，就是要培养学生掌握 PLC 技术的基本知识和基本操作技能，熟练 PLC 应用系统的分析、设计、安装、调试、维护等过程，使学生具备良好的技术素质，学会从工业自动化的角度分析问题，更好地适应工作的需要。以学生为主体，教师为主导，训练为主线，充分调动学生的积极主动性，大力拓展学生的创新力，广泛应用好校内外实践资源，及时有效地将理论知识转化为应用能力，本书就是针对实践教学环节编写的。

本书可引导学生加深对编程指令的理解，增强对 PLC 工作原理的认识，实现理论知识到技能的转换，为 PLC 工程设计奠定坚实基础。

本书分为实验性实践、设计性实践和实际工程应用三部分内容。第 1 章介绍 PLC 的应用及实践教学概况；第 2 章主要介绍与理论课相适应的几种典型指令功能实验；第 3 章主要介绍基于 PLC 的基础课程设计项目，并给予适当的设计指导；第 4 章主要介绍基于 PLC 和上位机的综合课程设计项目，并给予适当的设计指导；第 5 章主要介绍 PLC 工程设计中的基本知识，例如设计内容与步骤、硬件设计与软件设计等；第 6 章主要介绍工程设计中常用的典型环节控制程序，以及实际的工程应用案例；第 7 章主要介绍 STEP7_Micro/WIN V4.0 编程软件的基本功能使用等内容。

本书基于工程应用，从实践教学的角度，内容由浅及深、由简到繁、由易到难、循序渐进，通过典型案例，使学生理解并掌握理论知识和工程设计技能，培养学生的 PLC 工程应用设计能力。实践内容遵循由基础实验到课程设计再到工程应用的阶梯式结构。

在实际的教学过程中，任课教师可根据专业需求、课时安排等实际情况，对教学内容进行取舍。其他内容可留给学生进行课外实践，或作为课程设计、毕业设计参考。

本书由管丰年、程志强、王文成编著，参加编写的还有安宏伟、韩星海、管益明、台流臣和张苓。本书由李健和侯崇升主审。

本书在编写过程中参考了大量已出版文献，在此对这些参考文献的作者表示衷心感谢。

由于编者水平有限，书中难免有不妥之处，恳请广大读者批评指正。

编　者
2020 年 8 月

目　　录

3

第 1 章　概　　述

1.1　PLC 技术概述

1.1.1　PLC 发展历程

自 20 世纪 60 年代末，在美国诞生并应用于生产实践以来，PLC 的发展十分迅速。到了 20 世纪 80 年代，PLC 技术已逐渐走向成熟。20 世纪 90 年代，随着 PLC 编程语言标准 IEC 61131-3 的正式颁布与实施，特别是随着标准编程语言的推广，PLC 进入了开放性和标准化时代，为工业自动化提供了极大的方便。

随着微处理器技术和超大规模集成电路技术的迅速发展，PLC 从软件到硬件，其功能都得到了迅速的增强，性能技术指标也得到了大幅度提高，PLC 已成为工业生产中不可或缺的重要控制设备。PLC 的发展历程如表 1.1 所示。

表 1.1　PLC 的发展历程

时　间	说　　明
1968 年之前	用继电器、接触器等实现逻辑控制功能
1968 年	美国通用电气公司(GE)招标新型工业控制装置，也就是最初的 PLC
1969 年	美国数字设备公司研制成功第一台 PLC
20 世纪 70 年代	PLC 在汽车流水线上大量使用
20 世纪 80 年代	PLC 采用了微电子处理器技术，并在其他领域推广使用
20 世纪 90 年代	编程语言的标准化与超大规模集成电路的使用，提高了 PLC 性能，增强了开放性与互换性
20 世纪 90 年代至今	专用逻辑芯片的使用，使得 PLC 软件、硬件性能发生了巨大变化

1.1.2　PLC 发展趋势

随着技术的进步，PLC 总的发展趋势向着高速度、高性能、高集成化、小体积、大容量、信息化、标准化以及与现场总线紧密结合等方向发展，其表现出的特点是：

(1) 通信网络化和无线化；

(2) 开放性和编程语言标准化；

(3) 体积小型化、模块化和集成化；

(4) 速度更快、性能更高、可靠性更好；

(5) 大型化和小型化。

1.1.3　PLC 工程应用

PLC 已广泛应用于钢铁、石油、化工、轻纺、电力、建材、机械制造、汽车、交通运输、环保以及文化娱乐等行业，其主要应用领域有：

(1) 开关量逻辑控制，用于逻辑控制中，如包装线、电镀线、机床加工、印刷、注塑等。

(2) 过程控制，用于过程控制中，如温度、压力、流量、液位、速度等信号的处理与 PID 控制等。

(3) 运动控制，用于运动控制中，如圆周运动、直线运动、位置控制等，主要驱动设备是步进电机、伺服电机等。

(4) 数据处理，如数据运算、数据传输、数据转换、查表等。

(5) 通信与联网，利用通信端口实现 PLC 与 PLC、智能设备、上位计算机等之间的网络连接，构成自动化网络系统。

1.2　PLC 实践教学的意义

高等院校工程教育的基本任务是使学生接受系统的理工学科的理论知识、基本技能的学习和训练，使其在完成学业时，初步具备成为工程师的基本素质和条件。工程实践是高等学校工程教育的重要环节，是学生将理论知识转化为应用技能的必要过程。多数高校都专门开设了实践课程，以实现这一教学目标。

PLC 原理与应用作为自动化、电气自动化专业的核心课程，有着很强的实践性和应用性，在工业控制领域占有重要位置。随着 PLC 应用领域越来越广泛，行业对 PLC 人才的要求也越来越高，学生只有掌握扎实的 PLC 技术，才能在工作中快速解决和处理所遇到的技术问题。如何提高学生分析与解决工程实际问题的能力，培养符合需求的创新型专业技能人才，正是 PLC 实践教学所要解决的问题。

通过实践环节，增强学生对 PLC 技术从硬件到软件的感性认识，加深对 PLC 扫描工作原理的理解，加快对 PLC 指令应用的掌握，有利于知识到技能的顺利转换，实现应用型技术人才的培养目标。

1.3　PLC 实践内容

在 PLC 原理与应用课程教学过程中，实践环节包含了典型实验、课程设计和工程实践三部分内容，这三部分内容是一个由简单到复杂、由理论到应用的渐变过程，是一个知识、能力逐渐增强的过程，也是一个一体化的技能养成过程。

1.3.1　典型实验

把 PLC 原理与应用课程的典型实验项目划分为基础型、应用型和综合型三种。根据课程教学大纲，本书基础型实验项目有 10 个，应用型实验项目有 2 个，综合型实验项目有 2 个，可根据教学情况合理选择其中的部分实验项目实施，目的在于配合理论课教学，通过实际操作验证，增强感性认识，加深对 PLC 工作原理及其编程指令的理解与掌握。

实验完成后，需要提交"实验报告书"，其格式见表 1.2 所示。

表 1.2　实验报告书格式

实验项目：＿＿＿＿＿＿＿＿＿　　指导教师：＿＿＿＿＿　　实验成绩：＿＿＿＿＿
专业班级：＿＿＿＿＿＿　　　姓名：＿＿＿＿＿　　　学号：＿＿＿＿＿
一、实验目的 　　1. XXX 　　2. XXX 二、实验设备 　　1. XXX 　　2. XXX 三、实验内容 　　1. XXX 　　2. XXX 四、PLC 硬件接线 　　PLC 的接线原理图。 五、软件编程 　　内容包括 I/O 地址分配与实验程序。 六、实验过程及结论 　　实验操作过程及实验结果。 七、实验总结 　　收获与经验。

1.3.2　课程设计

PLC 课程设计是在教学过程中针对课程实施的，主要使用 PLC 语言编程设计某规定功能的控制系统或控制装置，目的在于提高学生对课程知识的综合应用能力，也是专业课教学的重要实践环节。

PLC 课程设计包含基础课程设计和综合课程设计两部分内容。基础课程设计包括 10 个项目，单纯使用 PLC 实现某些控制功能；综合课程设计包括 6 个项目，以 PLC 控制系统为主，结合触摸屏或上位计算机，构成目前应用广泛的上位机——PLC 监控系统。

教学过程中，可根据教学情况合理选择其中的部分设计项目实施，目的在于通过课程设计，将 PLC 技术知识初步转化为应用技能，提高学生动手能力，为工程实践奠定良好的基础。

　　课程设计往往以小组为单位实施，完成课程设计后，需要书写"课程设计说明书"，说明书的主要内容如表 1.3 所示。

表 1.3　课程设计说明书

一、设计目的
XXXX
二、控制要求
XXXX
三、设计任务
XXXX
四、设计内容
1. 总体方案论证
XXXX
2. 控制系统硬件设计
XXXX
3. 控制系统软件设计
XXXX
4. 控制系统调试
XXXX
五、设计总结
XXXX

1.3.3　工程实践

　　工程实践部分是 PLC 技术的工程实际应用，既有在实际工程设计中的典型环节及其设计程序，又有完整的工程设计项目，其内容包含开关量信号应用、模拟量信号处理、通信、项目工程设计等 20 余项。

　　PLC 控制系统工程设计需要经过过程分析与规划、硬件设计、软件设计、系统调试等环节。本书中作为设计案例的"换热站供暖控制系统""油田注气站控制系统"和"酒精储罐及计量装车监控系统"三个实际的工程应用项目，比较完整地体现了 PLC 控制系统的设计环节，并配有部分相关程序和组态画面。

　　通过该工程实践内容的学习，让学生真正体会到实际的设计环境，为走向独立的工作岗位奠定基础。

1.4　实践教学体系

1.4.1　PLC 课程实践教学体系构建

　　(1) 在实践教学中，教师是知识的传授者，是教学的引导者，是实践活动的组织实施者，围绕学生的"学"，放手让学生大胆思考与操作，教师要做好服务，及时回答学生提出的问题，树立以学生为中心的教学理念。

(2) 形成理论教学与实践教学相协调的理念，培养学生学以致用、勇于实践的精神与开拓创新的能力。

(3) PLC 课程具有较强的实践性特征，可以将实践环节分为三个层次：

① 基本实验性实践：主要是以实验实践方式对 PLC 的常用基本指令和功能指令进行应用实践，加深学生对 PLC 工作原理及编程应用的理解与认识。

② 基础设计性实践：通过设计实践方式使学生掌握 PLC 系统的设计内容，熟悉设计思路，掌握设计的方法与步骤，加深对 PLC 控制系统的理解与认识。

③ 综合应用性实践：针对基础扎实，动手能力强，创新潜力大的学生，增加 PLC 控制系统应用设计的难度和复杂程度，鼓励其自选课题，从工程实际出发，做综合性的应用系统设计，促进学生创新意识激发，培养锻炼创新能力。

1.4.2　开放实践场所

开放实践场所包括实验室在内的实践场地，给学生提供充分的实践资源，能够发挥学生自身能动性，使学生随时随地可以将自己的想法，通过实际操作进行实践与验证，对于学生创新能力的培养具有极大帮助。

1.4.3　构建实践教学评价体系

考核既是对教学效果和学生学习的检验，也是对学生学习的积极督促与指导，所以应综合评价实验性实践、设计性实践以及综合应用性实践效果，重视应用能力的测试，重点检测独立解决实际问题的能力，促进学生创新能力的提升。

1.4.4　构建良好师资队伍

实践教学团队的作用非常重要，合理构建高素质与高水平的实践教学队伍是实践教学质量的良好保障，能够更好地对学生进行引导，积极促进学生实践能力的提升，合理激发学生的创新意识，为学生的发展提供帮助。

第 2 章 理 论 实 验

2.1 基 础 型 实 验

2.1.1 逻辑位指令实验

1. 开关量输入/输出指令

1) 实验目的

(1) 熟悉编程软件的使用；

(2) 掌握开关量输入/输出指令的写入方法；

(3) 掌握开关量输入/输出指令的功能及其应用；

(4) 掌握 PLC 外电路接线方法。

2) 实验设备

安装了 STEP7-Micro/WIN 编程软件的 PC 机 1 台，S7-200PLC 1 块，PC/PPI 编程电缆 1 条，常开按钮 2 个，负载指示灯 1 个，DC 24 V 电源 1 块，导线若干。

3) 实验内容

利用按钮，通过 PLC 输入/输出指令控制指示灯的接通与关断。

I/O 点地址功能分配如表 2.1 所示，图 2.1 所示为 PLC 控制程序梯形图。

表 2.1 I/O 点地址功能分配

开关量输入(DI)		开关量输出(DO)	
地址	说　明	地址	说　明
I0.0	按钮 SB1，接通指示灯	Q0.0	指示灯 HL
I0.1	按钮 SB2，关闭指示灯		

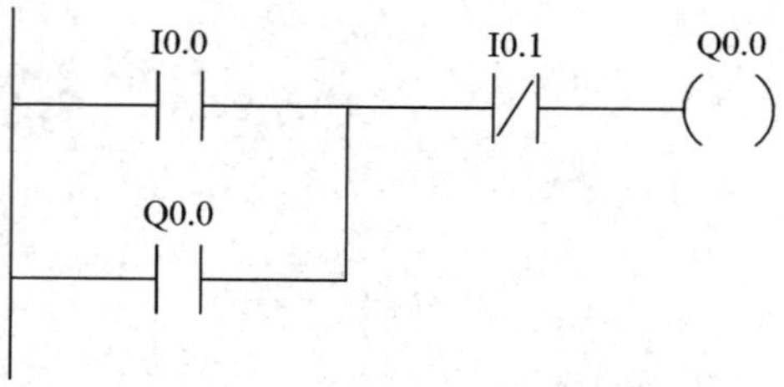

图 2.1 PLC 控制程序梯形图

4) 硬件接线

硬件接线电路如图 2.2 所示。

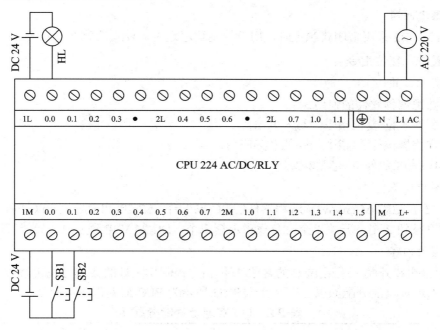

图 2.2 硬件接线电路图

5) 实验步骤

(1) 断开电源开关,按图 2.2 所示接线,检查并确认没有错误;

(2) 用编程电缆连接 PC 机和 PLC;

(3) 接通 AC 220 V 电源,检查并确认 PLC 工作正常;

(4) 给 PC 机通电,打开 STEP7-Micro/WIN 编程软件;

(5) 按图 2.1 所示在主程序中编写完成用户梯形图程序,并进行编译,确认正确;

(6) 用 DC 24 V 电源接通输入与输出回路,确认输入按钮/开关状态无误,输入与输出点工作正常;

(7) 建立 PC 机与 PLC 的通信,确认通信正常;

(8) 下载用户控制程序到 PLC,并运行、监控;

(9) 按下按钮 SB1,然后再抬起,观察指示灯 HL 与编程元素的状态变化,并做好记录;按下按钮 SB2,然后再抬起,观察指示灯 HL 与编程元素的状态变化,并做好记录;

(10) 实验完毕,首先退出 PC 机监控,停止 PLC 运行;其次断开 DC 24 V 电源、AC 220 V 电源;最后关闭 PC 机,断开连接线,PLC 实验设备恢复初始状态。

6) 实验报告

(1) 整理出 PLC 控制梯形图;

(2) 写出实验步骤与实验观察结果;

(3) 画出编程元素状态变化时序图;

(4) 总结实验收获与不足，提出改进措施；

(5) 形成实验报告书。

7) 思考问题

当按钮 SB2 采用常闭式触点时，用户控制程序是否需要修改？

2. 置位、复位指令

1) 实验目的

(1) 熟悉编程软件的使用；

(2) 掌握置位/复位指令的写入方法；

(3) 掌握置位/复位指令的功能及其应用；

(4) 掌握 PLC 外电路接线方法。

2) 实验设备

安装了 STEP7-Micro/WIN 编程软件的 PC 机 1 台，S7-200PLC 1 块，PC/PPI 编程电缆 1 条，常开按钮 2 个，开关 1 个，负载指示灯 2 个，DC 24 V 电源 1 块，导线若干。

3) 实验内容

利用按钮和开关，采用 PLC 的置位/复位指令控制指示灯的接通与关断。

I/O 点地址功能分配如表 2.2 所示，图 2.3 所示为 PLC 控制程序梯形图。

表 2.2　I/O 点地址功能分配

开关量输入(DI)		开关量输出(DO)	
地址	说　明	地址	说　明
I0.0	按钮 SB1，接通指示灯 HL1	Q0.0	指示灯 HL1
I0.1	按钮 SB2，关闭指示灯 HL1	Q0.1	指示灯 HL2
I0.2	开关 SB3，控制指示灯 HL2		

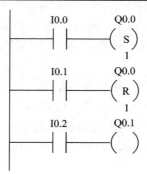

图 2.3　PLC 控制程序梯形图

4) 硬件接线

硬件接线电路如图 2.4 所示。

5) 实验步骤

(1) 断开电源开关，按图 2.4 所示接线，检查并确认没有错误；

(2) 用编程电缆连接 PC 机和 PLC；

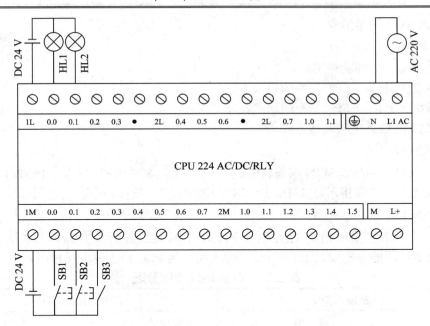

图 2.4　硬件接线电路图

(3) 接通 AC 220 V 电源，检查并确认 PLC 工作正常；

(4) 给 PC 机通电，打开 STEP7-Micro/WIN 编程软件；

(5) 按图 2.3 所示在主程序中编写完成用户梯形图程序，并进行编译，并确认正确；

(6) 用 DC 24 V 电源接通输入与输出回路，确认输入按钮/开关状态无误，输入与输出点工作正常；

(7) 建立 PC 机与 PLC 的通信，确认通信正常；

(8) 下载用户控制程序到 PLC，并运行、监控；

(9) 按下按钮 SB1，然后抬起，观察指示灯与编程元素的状态变化，并做好记录；按下按钮 SB2，然后抬起，观察指示灯与编程元素的状态变化，并做好记录；闭合开关 SB3，然后再断开，观察指示灯与编程元素的状态变化，并做好记录；

(10) 实验完毕，首先退出 PC 机监控，停止 PLC 运行；其次断开 DC 24 V 电源、AC 220 V 电源；最后关闭 PC 机，断开连接线，PLC 实验设备恢复初始状态。

6) 实验报告

(1) 整理出 PLC 控制梯形图；

(2) 写出实验步骤与实验观察结果；

(3) 画出编程元素状态变化时序图；

(4) 总结实验收获与不足，提出改进措施；

(5) 形成实验报告书。

7) 思考问题

(1) 思考置位、复位指令编程元素与能流间的关系。

(2) 比较指示灯 HL1 与 HL2 通断控制的特点。

3. 上升沿/下降沿指令

1) 实验目的

(1) 熟悉编程软件的使用；

(2) 掌握上升沿/下降沿指令的写入方法；

(3) 掌握上升沿/下降沿指令的功能及其应用；

(4) 掌握 PLC 外电路接线方法。

2) 实验设备

安装了 STEP7-Micro/WIN 编程软件的 PC 机 1 台，S7-200PLC 1 块，PC/PPI 编程电缆 1 条，开关 1 个，负载指示灯 3 个，DC 24 V 电源 1 块，导线若干。

3) 实验内容

利用 1 个开关，采用 PLC 的上升沿/下降沿指令，控制指示灯的接通与关断。

I/O 点地址功能分配如表 2.3 所示，图 2.5 所示为 PLC 控制程序梯形图。

表 2.3　I/O 点地址功能分配

开关量输入(DI)		开关量输出(DO)	
地址	说　明	地址	说　明
I0.0	开关 SB1	Q0.0	指示灯 HL1
		Q0.1	指示灯 HL2
		Q0.2	指示灯 HL3

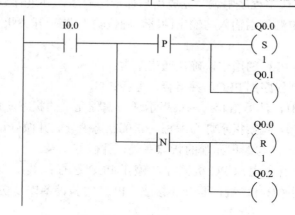

图 2.5　PLC 控制程序梯形图

4) 硬件接线

硬件接线电路如图 2.6 所示。

5) 实验步骤

(1) 断开电源开关，按图 2.6 所示接线，检查并确认无误；

(2) 用编程电缆连接 PC 机和 PLC；

(3) 接通 AC 220 V 电源，检查并确认 PLC 工作正常；

(4) 给 PC 机通电，打开 STEP7-Micro/WIN 编程软件；

(5) 按图 2.5 所示在主程序中编写完成用户梯形图程序，并进行编译，确认正确；

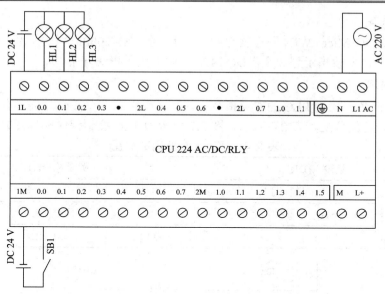

图 2.6 硬件接线图

(6) 用 DC 24 V 电源接通输入与输出回路，确认输入按钮/开关状态无误，输入与输出点工作正常；

(7) 建立 PC 机与 PLC 的通信，确认通信正常；

(8) 下载用户控制程序到 PLC，并运行、监控；

(9) 接通开关 SB1，观察指示灯与编程元素的状态变化，并做好记录；断开开关 SB1，观察指示灯与编程元素的状态变化，并做好记录；

(10) 实验完毕，首先退出 PC 机监控，停止 PLC 运行；其次断开 DC 24 V 电源、AC 220 V 电源；最后关闭 PC 机，断开连接线，PLC 实验设备恢复初始状态。

6) 实验报告

(1) 整理出 PLC 控制梯形图；

(2) 写出实验步骤与实验观察结果；

(3) 画出编程元素状态时序图；

(4) 总结实验收获与不足，提出改进措施；

(5) 形成实验报告书。

7) 思考问题

(1) 思考上升沿/下降沿指令编程元素与能流间的关系。

(2) 对比分析指示灯 HL1 与 HL2、HL3 变化不同的原因。

4. 取反指令

1) 实验目的

(1) 熟悉编程软件的使用；

(2) 掌握取反指令的写入方法；

(3) 掌握取反指令的功能及其应用；

(4) 掌握 PLC 外电路接线方法。

2) 实验设备

安装了 STEP7-Micro/WIN 编程软件的 PC 机 1 台，S7-200PLC 1 块，PC/PPI 编程电缆 1 条，开关 1 个，负载指示灯 2 个，DC 24 V 电源 1 块，导线若干。

3) 实验内容

利用 1 个开关，采用 PLC 的取反指令，控制 2 个指示灯在任何时刻只有 1 个接通。I/O 点地址功能分配如表 2.4 所示，图 2.7 所示为 PLC 控制程序梯形图。

表 2.4　I/O 点地址功能分配

开关量输入(DI)		开关量输出(DO)	
地址	说　明	地址	说　明
I0.0	开关 SB1	Q0.0	指示灯 HL1
		Q0.1	指示灯 HL2

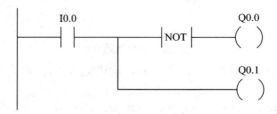

图 2.7　PLC 控制程序梯形图

4) 硬件接线

硬件接线电路如图 2.8 所示。

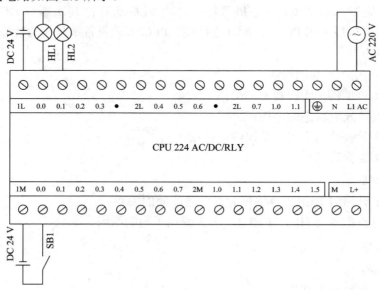

图 2.8　硬件接线电路图

5) 实验步骤

(1) 断开电源开关，按原理图 2.8 接线，检查并确认无误；

(2) 用编程电缆连接 PC 机和 PLC；

(3) 接通 AC 220 V 电源，检查并确认 PLC 工作正常；

(4) 给 PC 机通电，打开 STEP7-Micro/WIN 编程软件；

(5) 按图 2.7 所示在主程序中编写完成用户梯形图程序，并进行编译，确认正确；

(6) 用 DC 24 V 电源接通输入与输出回路，确认输入按钮/开关状态无误，输入与输出点工作正常；

(7) 建立 PC 机与 PLC 的通信，确认通信正常；

(8) 下载用户控制程序到 PLC，并运行、监控；

(9) 接通开关 SB1，观察指示灯与编程元素的状态变化，并做好记录；断开开关 SB1，观察指示灯与编程元素的状态变化，并做好记录；

(10) 实验完毕，首先退出 PC 机监控，停止 PLC 运行；其次断开 DC 24 V 电源、AC 220 V 电源；最后关闭 PC 机，断开连接线，PLC 实验设备恢复初始状态。

6) 实验报告

(1) 整理出 PLC 控制梯形图；

(2) 写出实验步骤与实验观察结果；

(3) 画出编程元素状态时序图；

(4) 总结实验收获与不足，提出改进措施；

(5) 形成实验报告书。

7) 思考问题

取反指令编程元素对能流的影响。

2.1.2　定时器与计数器指令实验

1. 定时器指令

1) 实验目的

(1) 熟悉编程软件的使用；

(2) 掌握定时器指令的写入方法；

(3) 掌握定时器指令的功能及其应用；

(4) 掌握 PLC 外电路接线方法。

2) 实验设备

安装了 STEP7-Micro/WIN 编程软件的 PC 机 1 台，S7-200PLC 1 块，PC/PPI 编程电缆 1 条，开关 4 个，负载指示灯 3 个，DC 24 V 电源 1 块，导线若干。

3) 实验内容

当开关闭合时，采用 PLC 的接通延时定时器指令，实现指示灯延时一定时间接通；累计开关通断中的闭合时间，采用 PLC 的具有记忆接通延时定时器指令，实现指示灯延时一定时间接通；当接通的开关断开时，采用 PLC 的断开延时定时器指令，实现指示灯延时一定时间断开。

I/O 点地址分配如表 2.5 所示，图 2.9 所示为 PLC 控制程序梯形图。图中，(a) 为接通延时使指示灯亮，(b) 为累计接通延时使指示灯亮，(c) 为断开延时使指示灯灭。

表 2.5 I/O 点地址功能分配

开关量输入(DI)		开关量输出(DO)	
地址	说　明	地址	说　明
I0.0	开关 SB1	Q0.0	指示灯 HL1
I0.1	开关 SB2	Q0.1	指示灯 HL2
I0.2	开关 SB3，清零	Q0.2	指示灯 HL3
I0.3	开关 SB4		

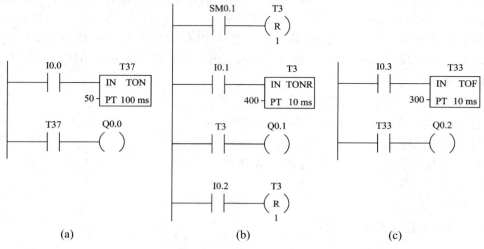

图 2.9 PLC 控制程序梯形图

4) 硬件接线

硬件接线电路如图 2.10 所示。

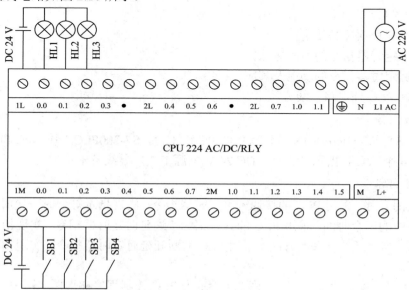

图 2.10 硬件接线电路图

5）实验步骤

(1) 断开电源开关，按图 2.10 所示接线，检查并确认无误；

(2) 用编程电缆连接 PC 机和 PLC；

(3) 接通 AC 220 V 电源，检查并确认 PLC 工作正常；

(4) 给 PC 机通电，打开 STEP7-Micro/WIN 编程软件；

(5) 按图 2.9 所示在主程序中编写完成用户梯形图程序，并进行编译，确认正确；

(6) 用 DC 24 V 电源接通输入与输出回路，确认输入按钮/开关状态无误，输入与输出点工作正常；

(7) 建立 PC 机与 PLC 的通信，确认通信正常；

(8) 下载用户控制程序到 PLC，并运行、监控；

(9) 接通开关 SB1，观察指示灯 HL1、TON 定时器当前值及编程元素的状态变化，并做好记录；断开开关 SB1，观察指示灯 HL1、TON 定时器当前值及编程元素的状态变化，并做好记录；

(10) 实施多次接通和断开 SB2 操作，观察指示灯 HL2、TONR 定时器当前值及编程元素的状态变化，并做好记录；当指示灯 HL2 点亮后，接通 SB3，观察指示灯 HL2、TONR 定时器当前值及编程元素的状态变化，并做好记录；

(11) 接通 SB4，观察指示灯 HL3、TOF 定时器当前值及编程元素的状态变化，并做好记录；断开 SB4，观察指示灯 HL3、TOF 定时器当前值及编程元素的状态变化，并做好记录；

(12) 实验完毕，首先退出 PC 机监控，停止 PLC 运行；其次断开 DC 24 V 电源、AC 220 V 电源；最后关闭 PC 机，断开连接线，PLC 实验设备恢复初始状态。

6）实验报告

(1) 整理出 PLC 控制梯形图；

(2) 写出实验步骤与实验观察结果；

(3) 画出编程元素状态时序图；

(4) 总结实验收获与不足，提出改进措施；

(5) 形成实验报告书。

7）思考问题

定时器 TON、TONR、TOF 使用前是否都需要复位或清零？

2. 计数器指令

1）实验目的

(1) 熟悉编程软件的使用；

(2) 掌握计数器指令的写入方法；

(3) 掌握计数器指令的功能及其应用；

(4) 掌握 PLC 外电路接线方法。

2）实验设备

安装了 STEP7-Micro/WIN 编程软件的 PC 机 1 台，S7-200PLC 1 块，PC/PPI 编程电缆 1 条，常开按钮 7 个，负载指示灯 3 个，DC 24 V 电源 1 块，导线若干。

3) 实验内容

采用 PLC 的增计数器指令对按钮操作产生的脉冲进行加计数,计数当前值达到设定值时,点亮指示灯;采用 PLC 的减计数器指令对按钮操作产生的脉冲进行减计数,计数当前值减为零时,点亮指示灯;采用 PLC 的增/减计数器指令对按钮操作产生的脉冲进行增/减计数,计数当前值大于或等于设定值时,点亮指示灯。

I/O 点地址功能分配如表 2.6 所示,图 2.11 所示为 PLC 控制程序梯形图。图中,(a)为增计数梯形图,(b)为减计数梯形图,(c)为增/减计数梯形图。

表 2.6　I/O 点地址功能分配

开关量输入(DI)		开关量输出(DO)	
地址	说　明	地址	说　明
I0.0	按钮 SB1	Q0.0	指示灯 HL1
I0.1	按钮 SB2,复位	Q0.1	指示灯 HL2
I0.2	按钮 SB3	Q0.2	指示灯 HL3
I0.3	按钮 SB4,复位		
I0.4	按钮 SB5		
I0.5	按钮 SB6		
I0.6	按钮 SB7,复位		

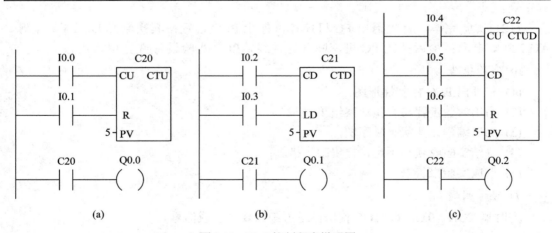

图 2.11　PLC 控制程序梯形图

4) 硬件接线

硬件接线电路如图 2.12 所示。

5) 实验步骤

(1) 断开电源开关,按电路图 2.12 所示接线,检查并确认无误;

(2) 用编程电缆连接 PC 机和 PLC;

(3) 接通 AC 220 V 电源,检查并确认 PLC 工作正常;

(4) 给 PC 机通电,打开 STEP7-Micro/WIN 编程软件;

(5) 按图 2.11 所示,在主程序中编写完成用户梯形图程序,并进行编译,确认正确;

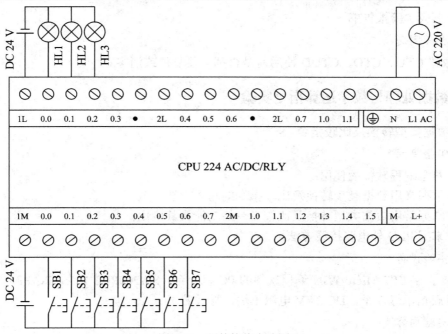

图 2.12　硬件接线电路图

(6) 用 DC 24 V 电源接通输入与输出回路，确认输入按钮/开关状态无误，输入与输出点工作正常；

(7) 建立 PC 机与 PLC 的通信，确认通信正常；

(8) 下载用户控制程序到 PLC，并运行、监控；

(9) 按下按钮 SB1，观察指示灯 HL1、增计数器的当前值及编程元素的状态变化，并做好记录；按下按钮 SB2，观察指示灯 HL1、增计数器的当前值及编程元素的状态变化，并做好记录；

(10) 按下按钮 SB3，观察指示灯 HL2、减计数器的当前值及编程元素的状态变化，并做好记录；按下按钮 SB4，观察指示灯 HL2、减计数器的当前值及编程元素的状态变化，并做好记录；

(11) 按下按钮 SB5，观察指示灯 HL3、增/减计数器的当前值及编程元素的状态变化，并做好记录；按下按钮 SB6，观察指示灯 HL3、增/减计数器的当前值及编程元素的状态变化，并做好记录；按下按钮 SB7，观察指示灯 HL3、增/减计数器的当前值及编程元素的状态变化，并做好记录；

(12) 实验完毕，首先退出 PC 机监控，停止 PLC 运行；其次断开 DC 24 V 电源、AC 220 V 电源；最后关闭 PC 机，断开连接线，PLC 实验设备恢复初始状态。

6) 实验报告

(1) 整理出 PLC 控制梯形图；

(2) 写出实验步骤与实验观察结果；

(3) 画出编程元素状态时序图；

(4) 总结实验收获与不足，提出改进措施；

（5）形成实验报告书。

7）思考问题

计数器 CTU、CTD、CTUD 使用前是否都需要复位或清零？

2.1.3 数据处理与数学运算指令实验

1. 数据类型转换及比较指令

1）实验目的

（1）熟悉编程软件的使用；

（2）掌握常用数据类型转换及比较指令的写入方法；

（3）掌握常用数据类型转换及比较指令的功能及其应用；

（4）掌握 PLC 外电路接线方法。

2）实验设备

安装了 STEP7-Micro/WIN 编程软件的 PC 机 1 台，S7-200PLC 1 块，PC/PPI 编程电缆 1 条，负载指示灯 3 个，DC 24 V 电源 1 块，导线若干。

3）实验内容

采用 PLC 数制转换指令，实现某整数值转换为实数值，某实数值转换为整数值功能；采用 PLC 的比较指令，实现当比较条件成立时，对应指示灯点亮。

I/O 点地址功能分配如表 2.7 所示，图 2.13 所示为 PLC 控制程序梯形图。图中，(a) 为数制转换梯形图，(b) 为数值比较梯形图。

表 2.7　I/O 点地址功能分配

开关量输入(DI)		开关量输出(DO)	
地址	说　明	地址	说　明
		Q0.0	指示灯 HL1
		Q0.1	指示灯 HL2
		Q0.2	指示灯 HL3

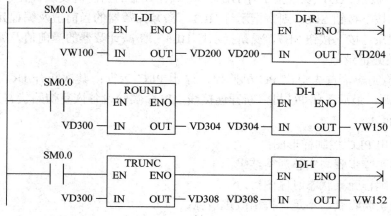

(a)

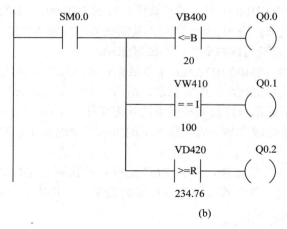

(b)

图 2.13　PLC 控制程序梯形图

4) 硬件接线

硬件接线电路如图 2.14 所示。

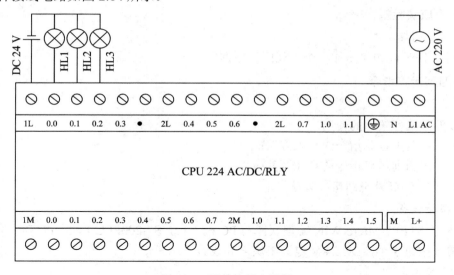

图 2.14　硬件接线电路图

5) 实验步骤

(1) 断开电源开关，按原理图 2.14 所示接线，检查并确认无误；

(2) 用编程电缆连接 PC 机和 PLC；

(3) 接通 AC 220 V 电源，检查并确认 PLC 工作正常；

(4) 给 PC 机通电，打开 STEP7-Micro/WIN 编程软件；

(5) 按图 2.13 所示，在主程序中编写完成用户梯形图程序，并进行编译，确认正确；

(6) 用 DC 24 V 电源接通输入与输出回路，确认输入按钮/开关状态无误，输入与输出点工作正常；

(7) 建立 PC 机与 PLC 的通信，确认通信正常；

(8) 下载用户控制程序到 PLC，并运行、监控；

(9) 在运行状态监控下，给 VW100 中写入某整数值，观察 VD200、VD204 的数值及编程元素的状态变化，并做好记录；给 VD300 中写入某实数值，观察 VD304、VD308、VW150、VW152 的数值及编程元素的状态变化，并做好记录；

(10) 在运行状态监控下，给 VB400 中写入某字节数据，观察比较条件成立与不成立情况下的指示灯及编程元素的状态变化，并做好记录；给 VW410 中写入某整数数据，观察比较条件成立与不成立情况下的指示灯及编程元素的状态变化，并做好记录；给 VD420 中写入某实数数据，观察比较条件成立与不成立情况下的指示灯及编程元素的状态变化，并做好记录；

(11) 实验完毕，首先退出 PC 机监控，停止 PLC 运行；其次断开 DC 24 V 电源、AC 220 V 电源；最后关闭 PC 机，断开连接线，PLC 实验设备恢复初始状态。

6) 实验报告

(1) 整理出 PLC 控制梯形图；

(2) 写出实验步骤与实验观察结果；

(3) 总结实验收获与不足，提出改进措施；

(4) 形成实验报告书。

7) 思考问题

条件比较时，如何添加一个"死区"数据？

2. 四则运算指令

1) 实验目的

(1) 熟悉编程软件的使用；

(2) 掌握四则运算指令的写入方法；

(3) 掌握四则运算指令的功能及其应用；

(4) 掌握 PLC 外电路接线方法。

2) 实验设备

安装了 STEP7-Micro/WIN 编程软件的 PC 机 1 台，S7-200PLC 1 块，PC/PPI 编程电缆 1 条，常开按钮 3 个，DC 24 V 电源 1 块，导线若干。

3) 实验内容

采用 PLC 四则运算指令，实现同类型数据的加、减、乘、除功能；进行公英制单位转换，英寸单位转换成厘米单位。

I/O 点地址功能分配如表 2.8 所示，图 2.15 所示为 PLC 控制程序梯形图。图中，(a) 为加、减、乘、除梯形图，(b) 为公英制转换梯形图。

表 2.8 I/O 点地址功能分配

开关量输入(DI)		开关量输出(DO)	
地址	说　明	地址	说　明
I0.0	按钮 SB1		
I0.1	按钮 SB2		
I0.2	按钮 SB3		

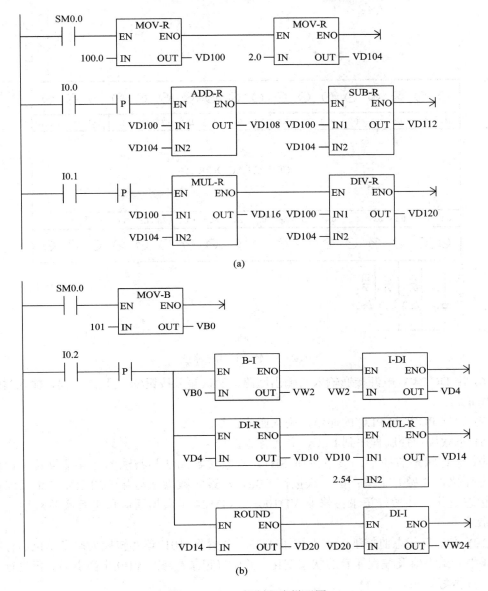

图 2.15　PLC 控制程序梯形图

4) 硬件接线

硬件接线电路如图 2.16 所示。

5) 实验步骤

(1) 断开电源开关，按图 2.16 所示接线，检查并确认无误；

(2) 用编程电缆连接 PC 机和 PLC；

(3) 接通 AC 220 V 电源，检查并确认 PLC 工作正常；

(4) 给 PC 机通电，打开 STEP7-Micro/WIN 编程软件；

(5) 按图 2.15 所示，在主程序中编写完成用户梯形图程序，并进行编译，确认正确；

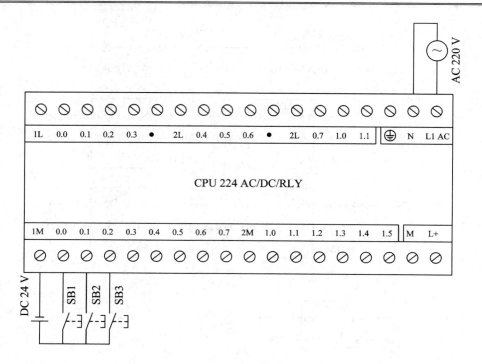

图 2.16   硬件接线电路图

(6) 用 DC 24 V 电源接通输入与输出回路，确认输入按钮/开关状态无误，输入与输出点工作正常；

(7) 建立 PC 机与 PLC 的通信，确认通信正常；

(8) 下载用户控制程序到 PLC，并运行、监控；

(9) 运行状态监控下，按下按钮 SB1，观察实数加法与减法的运算结果及编程元素的状态变化，并做好记录；按一次按钮 SB2，观察实数乘法与除法的运算结果及编程元素的状态变化，并做好记录；修改 VD100 和 VD104 中数据后，再进行实验观察，并做好记录。

(10) 在运行状态监控下，按下按钮 SB3，观察将 101 英寸转换为厘米单位后存储于 VW24 中的结果值及编程元素的状态变化，并做好记录；修改 VB0 中数据后，再进行实验观察，并做好记录。

(11) 实验完毕，首先退出 PC 机监控，停止 PLC 运行；其次断开 DC 24 V 电源、AC 220 V 电源；最后关闭 PC 机，断开连接线，PLC 实验设备恢复初始状态。

6) 实验报告

(1) 整理出 PLC 控制梯形图；

(2) 写出实验步骤与实验观察结果；

(3) 总结实验收获与不足，提出改进措施；

(4) 形成实验报告书。

7) 思考问题

在这两段程序中，跳变指令可以去掉吗？什么情况下必须加跳变指令？

2.1.4 中断指令实验

1. I/O 中断指令

1) 实验目的

(1) 熟悉编程软件的使用；

(2) 掌握 I/O 中断指令的写入方法；

(3) 掌握 I/O 中断指令的功能及其应用；

(4) 掌握 PLC 外电路接线方法。

2) 实验设备

安装了 STEP7-Micro/WIN 编程软件的 PC 机 1 台，S7-200PLC 1 块，PC/PPI 编程电缆 1 条，开关 1 个，负载指示灯 1 个，DC 24 V 电源 1 块，导线若干。

3) 实验内容

采用 PLC 的 I/O 中断指令，实现 I0.0 的上升沿点亮指示灯，I0.0 的下降沿熄灭指示灯功能，并读取相应时钟信息。

I/O 点地址功能分配如表 2.9 所示，图 2.17 所示为 PLC 控制程序梯形图。图中，(a)为主程序梯形图，(b)为 INT0 中断程序梯形图，(c)为 INT1 中断程序梯形图。

表 2.9 I/O 点地址功能分配

开关量输入(DI)		开关量输出(DO)	
地址	说　明	地址	说　明
I0.0	开关 SB1	Q0.0	指示灯 HL1

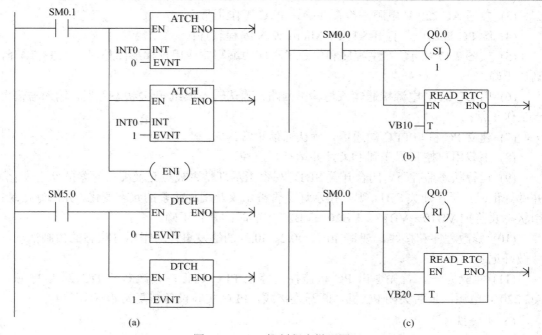

图 2.17 PLC 控制程序梯形图

4) 硬件接线

硬件接线电路如图 2.18 所示。

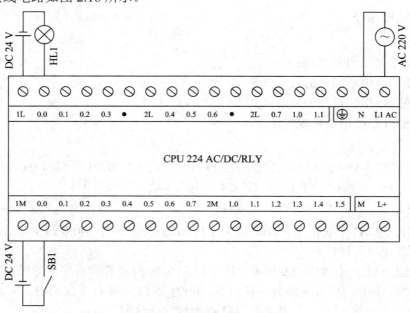

图 2.18　硬件接线电路图

5) 实验步骤

(1) 断开电源开关，按图 2.18 所示接线，检查并确认无误；

(2) 用编程电缆连接 PC 机和 PLC；

(3) 接通 AC 220 V 电源，检查并确认 PLC 工作正常；

(4) 给 PC 机通电，打开 STEP7-Micro/WIN 编程软件；

(5) 按图 2.17 所示，在主程序和中断子程序中编写完成用户梯形图程序，并进行编译，确认正确；

(6) 用 DC 24 V 电源接通输入与输出回路，确认输入按钮/开关状态无误，输入与输出点工作正常；

(7) 建立 PC 机与 PLC 的通信，确认通信正常；

(8) 下载用户控制程序到 PLC，并运行、监控；

(9) 运行状态监控下，闭合开关 SB1，观察指示灯是否被点亮及编程元素的状态变化，并做好记录；断开开关 SB1，观察指示灯是否被熄灭及编程元素的状态变化，并做好记录；用状态表监控 VB10～VB17、VB20～VB27 中的时间是否正确。

(10) 修改程序和接线，观察 I0.1、I0.2、I0.3 的触发事件对指示灯状态的控制情况，并做好记录。

(11) 实验完毕，首先退出 PC 机监控，停止 PLC 运行；其次断开 DC 24 V 电源、AC 220 V 电源；最后关闭 PC 机，断开连接线，PLC 实验设备恢复初始状态。

6) 实验报告

(1) 整理出 PLC 控制梯形图；

(2) 写出实验步骤与实验观察结果；

(3) 画出编程元素状态时序图；

(4) 总结实验收获与不足，提出改进措施；

(5) 形成实验报告书。

7) 思考问题

中断程序中为什么采用立即置位与立即复位指令？

2. 定时中断指令

1) 实验目的

(1) 熟悉编程软件的使用；

(2) 掌握定时中断指令的写入方法；

(3) 掌握定时中断指令的功能及其应用；

(4) 掌握 PLC 外电路接线方法。

2) 实验设备

安装了 STEP7-Micro/WIN 编程软件的 PC 机 1 台，S7-200PLC 1 块，PC/PPI 编程电缆 1 条，指示灯 2 个，DC 24 V 电源 1 块，导线若干。

3) 实验内容

采用 PLC 的定时中断指令，实现 2 个指示灯定时交替点亮与熄灭功能。

I/O 点地址功能分配如表 2.10 所示，图 2.19 所示为 PLC 控制程序梯形图。图中，(a) 为主程序梯形图，(b) 为 INT0 中断程序梯形图。

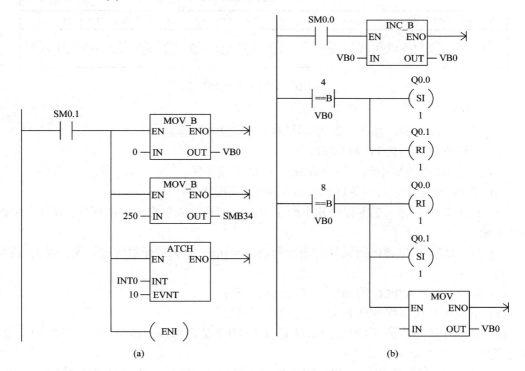

图 2.19　PLC 控制程序梯形图

表 2.10   I/O 点地址功能分配

开关量输入(DI)		开关量输出(DO)	
地址	说　明	地址	说　明
		Q0.0	指示灯 HL1
		Q0.1	指示灯 HL2

4) 硬件接线

硬件接线电路如图 2.20 所示。

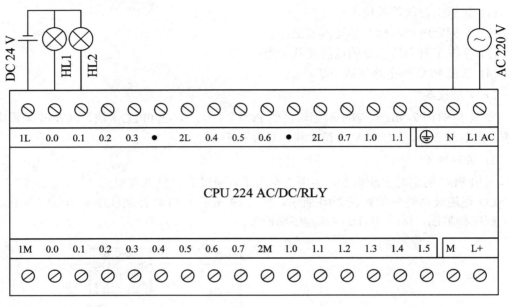

图 2.20   硬件接线电路图

5) 实验步骤

(1) 断开电源开关，按图 2.20 所示接线，检查并确认无误；

(2) 用编程电缆连接 PC 机和 PLC；

(3) 接通 AC 220 V 电源，检查并确认 PLC 工作正常；

(4) 给 PC 机通电，打开 STEP7-Micro/WIN 编程软件；

(5) 按图 2.19 所示，在主程序和中断子程序中编写完成用户梯形图程序，并进行编译，确认正确；

(6) 用 DC 24 V 电源接通输入与输出回路，确认输入按钮/开关状态无误，输入与输出点工作正常；

(7) 建立 PC 机与 PLC 的通信，确认通信正常；

(8) 下载用户控制程序到 PLC，并运行、监控；

(9) 在运行状态监控下，观察指示灯 HL1 与 HL2 是否每隔一秒交替点亮及编程元素的状态变化，并做好记录。

(10) 修改程序中断调用次数，再观察指示灯状态 HL1 与 HL2 的控制情况，并做好记录。

(11) 实验完毕，首先退出 PC 机监控，停止 PLC 运行；其次断开 DC 24 V 电源、AC 220 V 电源；最后关闭 PC 机，断开连接线，PLC 实验设备恢复初始状态。

6）实验报告

(1) 整理出 PLC 控制梯形图；

(2) 写出实验步骤与实验观察结果；

(3) 画出编程元素状态时序图；

(4) 总结实验收获与不足，提出改进措施；

(5) 形成实验报告书。

7）思考问题

思考如何调整指示灯点亮与熄灭时间的长短？

2.2　应用型实验

2.2.1　小车自动往返控制

1. 实验目的

(1) 熟悉经验设计法与顺序控制设计法；

(2) 熟悉 PLC 应用控制项目的编程及调试。

2. 实验设备

安装了 STEP7-Micro/WIN 编程软件的 PC 机 1 台，S7-200PLC 1 块，PC/PPI 编程电缆 1 条，常开式按钮 3 个，开关 3 个，指示灯 2 个，DC 24 V 电源 1 块，导线若干。

3. 实验内容及要求

实验内容：设计小车自动往返控制程序，实现相应功能要求。小车往返运行轨迹示意图如图 2.21 所示。

实验要求：按右行启动按钮或左行启动按钮后，小车在左限位开关 A 处与右限位开关 B 处之间不停地循环往返运行，直到按下停止按钮。过载时自动停止。

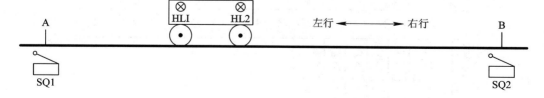

图 2.21　小车往返运行轨迹示意图

I/O 点地址功能分配如表 2.11 所示，图 2.22 所示为 PLC 控制程序参考梯形图。

表 2.11　I/O 点地址功能分配

开关量输入(DI)		开关量输出(DO)	
地址	说　明	地址	说　明
I0.0	按钮 SB1，右行起动	Q0.0	指示灯 HL1，右行(KM1)
I0.1	按钮 SB2，左行起动	Q0.1	指示灯 HL2，左行(KM2)
I0.2	按钮 SB3，停止		
I0.3	开关 SQ1，左限位		
I0.4	开关 SQ2，右限位		
I0.5	开关 FR，热继电器		

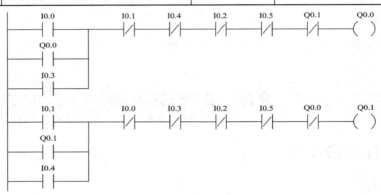

图 2.22　PLC 控制程序梯形图

4. 硬件接线

硬件接线电路如图 2.23 所示。

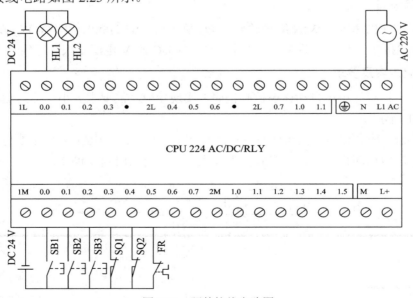

图 2.23　硬件接线电路图

5. 实验步骤

(1) 断开电源开关，按图 2.23 所示接线，检查并确认无误；

(2) 用编程电缆连接 PC 机和 PLC；

(3) 接通 AC 220 V 电源，检查并确认 PLC 工作正常；

(4) 给 PC 机通电，打开 STEP7-Micro/WIN 编程软件；

(5) 按图 2.22 所示，在主程序中编写完成用户梯形图程序，并进行编译，确认正确；

(6) 用 DC 24 V 电源接通输入与输出回路，确认输入按钮/开关状态无误，输入与输出点工作正常；

(7) 建立 PC 机与 PLC 的通信，确认通信正常；

(8) 下载用户控制程序到 PLC，并运行、监控；

(9) 在运行状态监控下，按下按钮 SB1，表示启动向右运行，观察指示灯 HL1 与 HL2 的状态及编程元素的状态；闭合限位开关 SQ2(小车到达 B 点)，小车右行停止，启动向左运行，然后断开 SQ2，观察指示灯 HL1 与 HL2 的状态及编程元素的状态；闭合限位开关 SQ1(小车到达 A 点)，小车左行停止，启动向右运行，然后断开 SQ1，观察指示灯 HL1 与 HL2 指示灯的状态及编程元素的状态；做好观察记录。

(10) 在运行状态监控下，按下按钮 SB2，再观察指示灯状态 HL1 与 HL2 的控制情况及编程元素的状态，并做好记录。

(11) 在运行状态监控下，按下按钮 SB3，再观察指示灯状态 HL1 与 HL2 的控制情况及编程元素的状态，并做好记录。

(12) 在运行状态监控下，闭合开关 FR，再观察指示灯状态 HL1 与 HL2 的控制情况及编程元素的状态，并做好记录。

(13) 利用顺控功能图编写梯形图程序，进行上述运行过程实验，并进行比较。

(14) 实验完毕，首先退出 PC 机监控，停止 PLC 运行；其次断开 DC 24 V 电源、AC 220 V 电源；最后关闭 PC 机，断开连接线，PLC 实验设备恢复初始状态。

6. 实验报告

(1) 整理出 PLC 控制梯形图；

(2) 写出实验步骤与实验观察结果；

(3) 画出顺序功能图，根据顺控功能图编写梯形图程序；

(4) 总结实验收获与不足，提出改进措施；

(5) 形成实验报告书。

7. 思考问题

修改程序，增加使小车在 A 处自动装料 30 秒，在 B 处自动卸料 40 秒功能，如图 2.24 所示。

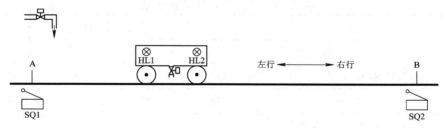

图 2.24 运料小车自动往返控制示意图

2.2.2 交流电动机控制

1. 实验目的

(1) 熟悉经验设计法与顺序控制设计法；

(2) 熟悉 PLC 应用控制项目的编程及调试。

2. 实验设备

安装了 STEP7-Micro/WIN 编程软件的 PC 机 1 台，S7-200PLC 1 块，PC/PPI 编程电缆 1 条，常开式按钮 3 个，指示灯 2 个，DC 24 V 电源 1 块，导线若干。

3. 实验内容及要求

设计交流电动机控制程序，实现正转启动、反转启动、停止功能，为了防止瞬间短路及起动电流过大，切换时根据电动机的转动惯性情况进行自由降速延时。电机控制主电路如图 2.25 所示。

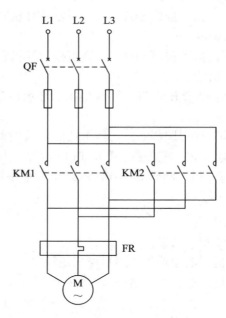

图 2.25   电机控制主电路

I/O 点地址功能分配如表 2.12 所示，图 2.26 所示为 PLC 控制程序梯形图。

表 2.12   I/O 点地址功能分配

开关量输入(DI)		开关量输出(DO)	
地址	说　明	地址	说　明
I0.0	按钮 SB1，停止	Q0.0	指示灯 HL1，正转接触器(KM1)
I0.1	按钮 SB2，正转启动	Q0.1	指示灯 HL2，反转接触器(KM2)
I0.2	按钮 SB3，反转启动		

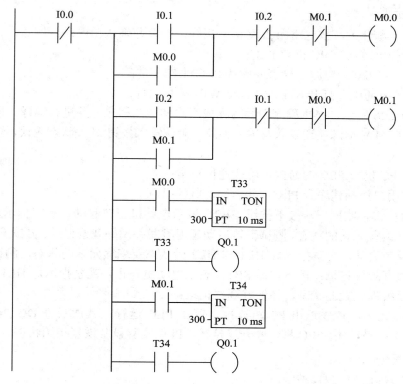

图 2.26　PLC 控制程序梯形图

4. 硬件接线

硬件接线电路如图 2.27 所示。

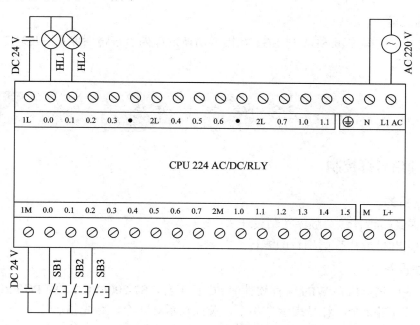

图 2.27　硬件接线电路图

5. 实验步骤

(1) 断开电源开关，按电路图 2.27 所示接线，检查并确认无误；

(2) 用编程电缆连接 PC 机和 PLC；

(3) 接通 AC 220 V 电源，检查并确认 PLC 工作正常；

(4) 给 PC 机通电，打开 STEP7-Micro/WIN 编程软件；

(5) 按图 2.26 所示，在主程序中编写完成用户梯形图程序，并进行编译，确认正确；

(6) 用 DC 24 V 电源接通输入与输出回路，确认输入按钮/开关状态无误，输入与输出点工作正常；

(7) 建立 PC 机与 PLC 的通信，确认通信正常；

(8) 下载用户控制程序到 PLC，并运行、监控；

(9) 在运行状态监控下，按下按钮 SB2，表示电动机正转起动，观察指示灯 HL1 与 HL2 的状态及编程元素的状态，测试正转启动延迟时间并做好观察记录；再按下按钮 SB3，表示电动机反转启动，观察指示灯 HL1 与 HL2 的状态及编程元素的状态，测试反转启动延迟时间并做好观察记录；按下按钮 SB1，表示电动机停止，观察指示灯 HL1 与 HL2 指示灯的状态及编程元素的状态，并做好观察记录；

(10) 实验完毕，首先退出 PC 机监控，停止 PLC 运行；其次断开 DC 24 V 电源、AC 220 V 电源；最后关闭 PC 机，断开连接线，PLC 实验设备恢复初始状态。

6. 实验报告

(1) 整理出 PLC 控制梯形图；

(2) 写出实验步骤与实验观察结果；

(3) 总结实验收获与不足，提出改进措施；

(4) 形成实验报告书。

7. 思考问题

修改程序，使得按钮 SB2 与 SB3 互锁，切换过程为"正转→停止→反转"或"反转→停止→正转"。

2.3　综合型实验

2.3.1　交通信号灯控制

1. 实验目的

(1) 掌握经验设计法与顺序控制设计法；

(2) 掌握 PLC 应用控制项目的编程及调试。

2. 实验设备

安装了 STEP7-Micro/WIN 编程软件的 PC 机 1 台，S7-200PLC 1 块，PC/PPI 编程电缆 1 条，常开式按钮 2 个，红光指示灯 4 个，黄光指示灯 4 个，绿光指示灯 4 个，DC 24 V 电源 1 块，导线若干。

3. 实验内容及要求

实验内容：设计十字路口红、黄、绿交通指示灯控制程序，实现自动交通指挥功能。

实验要求：

(1) 按下启动按钮，信号灯开始工作，南北方向红灯与东西方向绿灯同时亮；

(2) 东西向：东西方向绿灯亮 55 s 后，闪烁 3 次(1 s/次)，接着东西方向黄灯亮，2 s 后东西方向红灯亮，60 s 后东西方向绿灯亮，绿灯亮 55 s 后……如此不断循环，直至按下停止按钮停止工作。

(3) 南北向：南北方向红灯亮 60 s 后，南北向绿灯亮，55 s 后绿灯闪烁 3 次(1 s/次)，接着南北方向黄灯亮，2 s 后南北方向红灯亮，60 s 后……如此不断循环，直至按下停止按钮停止工作。

十字路口交通信号灯位置与控制时序如图 2.28 所示。

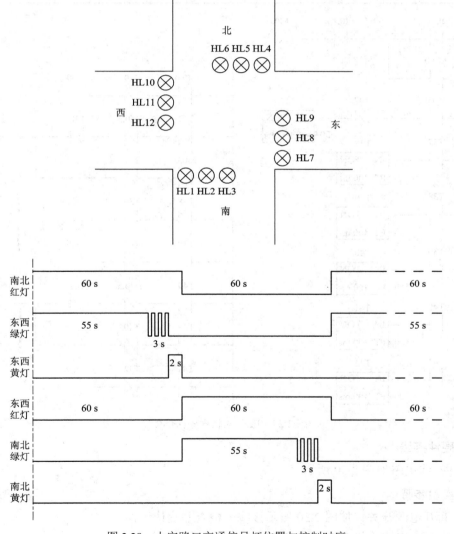

图 2.28　十字路口交通信号灯位置与控制时序

I/O 点地址功能分配如表 2.13 所示，图 2.29 所示为 PLC 控制程序梯形图。

表 2.13 I/O 点地址功能分配

开关量输入(DI)		开关量输出(DO)	
地址	说　明	地址	说　明
I0.0	按钮 SB1，启动	Q0.0	南、北红灯：HL1、HL4
I0.1	按钮 SB2，停止	Q0.1	南、北黄灯：HL2、HL5
		Q0.2	南、北绿灯：HL3、HL6
		Q0.3	东、西红灯：HL7、HL10
		Q0.4	东、西黄灯：HL8、HL11
		Q0.5	东、西绿灯：HL9、HL12

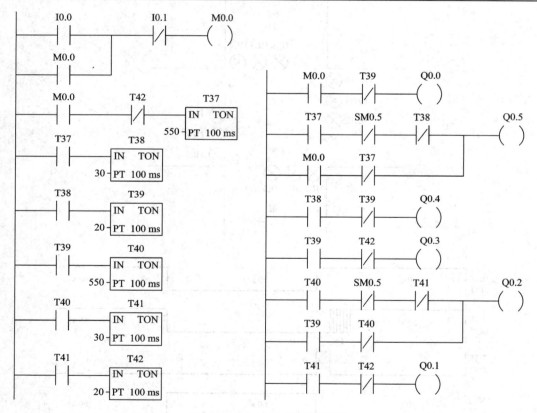

图 2.29　PLC 控制程序梯形图

4. 硬件接线

硬件接线电路如图 2.30 所示。

5. 实验步骤

(1) 断开电源开关，按图 2.30 所示接线，检查并确认无误；

(2) 用编程电缆连接 PC 机和 PLC；

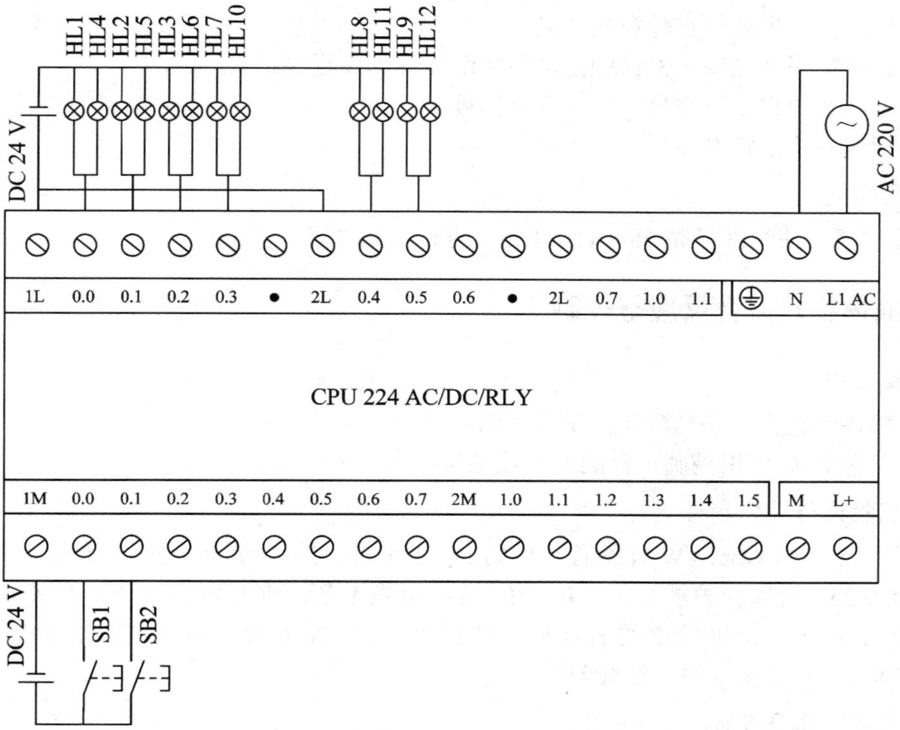

图 2.30　硬件接线电路图

(3) 接通 AC 220 V 电源，检查并确认 PLC 工作正常；

(4) 给 PC 机通电，打开 STEP7-Micro/WIN 编程软件；

(5) 按图 2.29 所示，在主程序中分析并编写完成用户梯形图程序，然后进行编译，并确认正确；

(6) 用 DC 24 V 电源接通输入与输出回路，确认输入按钮/开关状态无误，输入与输出点工作正常；

(7) 建立 PC 机与 PLC 的通信，确认通信正常；

(8) 下载用户控制程序到 PLC，并运行、监控；

(9) 在运行状态监控下，按下按钮 SB1，表示启动十字路口交通信号灯控制系统，观察指示灯 HL1～HL12 的状态及编程元素的状态，并做好观察记录；按下按钮 SB2，表示停止十字路口交通信号灯控制系统，观察指示灯 HL1～HL12 指示灯的状态及编程元素的状态，并做好观察记录。

(10) 利用顺控法编写梯形图程序，再进行运行实验，观察指示灯状态及编程元素的状态，并做好记录。

(11) 改变红灯、绿灯、黄灯的时间参数，重新进行实验，注意观察与记录。

(12) 实验完毕，首先退出 PC 机监控，停止 PLC 运行；其次断开 DC 24 V 电源、AC 220 V 电源；最后关闭 PC 机，断开连接线，PLC 实验设备恢复初始状态。

6. 实验报告

(1) 整理出 PLC 控制梯形图；

(2) 写出实验步骤与实验观察结果；

(3) 画出顺序功能图，根据顺控功能图编写梯形图程序；

(4) 总结实验收获与不足，提出改进措施；

(5) 形成实验报告书。

7. 思考问题

修改程序，使得红灯亮 58 s 后，有 2 s 的黄灯亮时间。

2.3.2 液体物料混合反应釜控制

1. 实验目的

(1) 掌握经验设计法与顺序控制设计法；

(2) 掌握 PLC 应用控制项目的编程及调试。

2. 实验设备

安装了 STEP7-Micro/WIN 编程软件的 PC 机 1 台，S7-200CPU224XP PLC1 块，或者 CPU 加 EM235 模拟量扩展 1 块，PC/PPI 编程电缆 1 条，常开按钮 2 个，开关 4 个，指示灯 9 个，满足 0～10 V 输出的信号发生器 1 块，0～10 V 对应于温度变送器量程范围 0～160℃，DC 24 V 电源 1 块，导线若干。

3. 实验内容及要求

实验内容：设计某化学反应釜三种液体混合搅拌控制程序，实现自动加料、温度控制与自动放料的循环控制功能。物料混合反应釜搅拌示意图如图 2.31 所示。

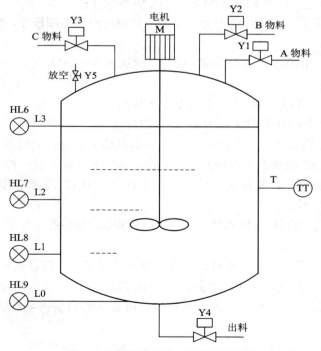

图 2.31　物料混合反应釜搅拌示意图

实验要求：

(1) 放空阀 Y5 处于打开状态。

(2) 加料：在 Y4 关闭状态下，打开 Y1 加 A 物料，当液位到达 L1 时，关闭 Y1，打开 Y2 加 B 物料；当液位到达 L2 时，关闭 Y2，打开 Y3 加 C 物料；当液位到达 L3 时，关闭 Y3，加料完毕。

(3) 搅拌：加料完毕，启动电机搅拌，由于该化学反应是放热反应，温度会逐渐升高，当温度升高到 80℃时，停止搅拌。

(4) 放料：停止搅拌后，打开放料阀 Y4，反应釜内液位逐渐降低，当液位降低到 L0 时，再延时 1 分钟关闭 Y4，放料完毕。

(5) 然后自动重新执行(2)、(3)、(4)步骤，直到按下停止键。

I/O 点地址功能分配如表 2.14 所示，模拟量输入地址为 AIW0，图 2.32 所示为 PLC 控制程序梯形图。

表 2.14　I/O 点地址功能分配

开关量输入(DI)		开关量输出(DO)	
地址	说　明	地址	说　明
I0.0	按钮 SB1，启动	Q0.0	Y1：A 物料电磁阀(电开)/HL1
I0.1	按钮 SB2，停止	Q0.1	Y2：B 物料电磁阀(电开)/HL2
I0.2	开关 SB3，L0 液位	Q0.2	Y3：C 物料电磁阀(电开)/HL3
I0.3	开关 SB4，L1 液位	Q0.3	M：搅拌电机/HL4
I0.4	开关 SB5，L2 液位	Q0.4	Y4：放料电磁阀(电开)/HL5
I0.5	开关 SB6，L3 液位	Q0.5	HL6：液位 L3 指示灯
		Q0.6	HL7：液位 L2 指示灯
		Q0.7	HL8：液位 L1 指示灯
		Q1.0	HL9：液位 L0 指示灯

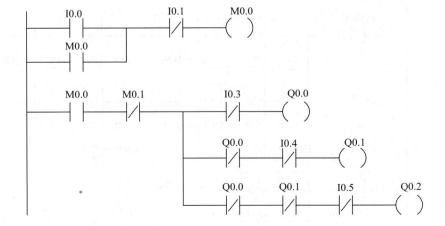

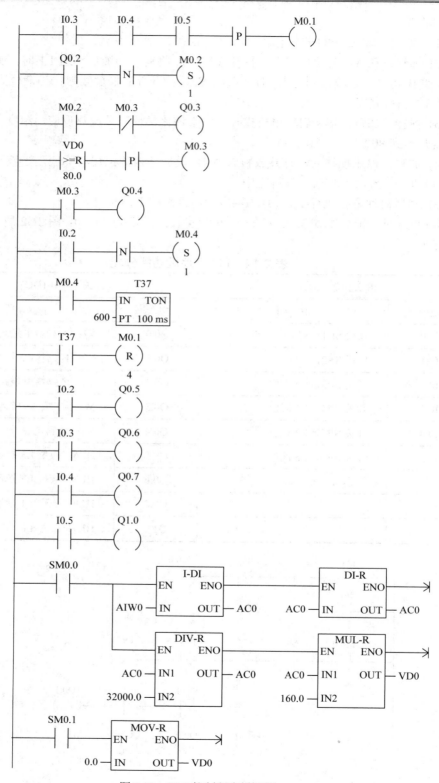

图 2.32 PLC 控制程序梯形图

4. 硬件接线

硬件接线电路如图 2.33 所示。

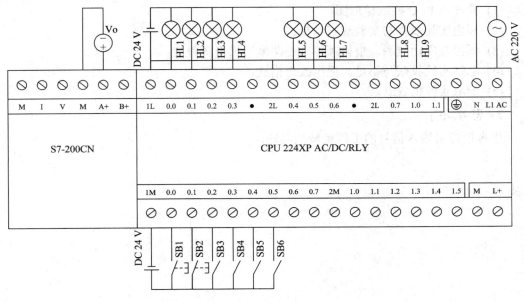

图 2.33　硬件接线电路图

5. 实验步骤

(1) 断开电源开关，按电路图 2.33 所示接线，检查并确认无误；

(2) 用编程电缆连接 PC 机和 PLC；

(3) 接通 AC 220 V 电源，检查并确认 PLC 工作正常，信号发生器电压调整为 0 V 输出；

(4) 给 PC 机通电，打开 STEP7-Micro/WIN 编程软件；

(5) 按图 2.32 所示，在主程序中分析并编写完成用户梯形图程序，然后进行编译，确认正确；

(6) 用 DC 24 V 电源接通输入与输出回路，确认输入按钮/开关状态无误，输入与输出点工作正常；

(7) 建立 PC 机与 PLC 的通信，确认通信正常；

(8) 下载用户控制程序到 PLC，并运行、监控；

(9) 在运行状态监控下，按下启动按钮 SB1，控制系统开始运行。手动操作开关，模拟液位变化，待搅拌电机运行开始后，逐渐增加电位器输出电压，模拟测量反应釜内物料温度变化的变送器输出信号，观察指示灯及编程元素的状态，并做好观察记录。

(10) 在运行状态监控下，按下停止按钮 SB2，控制系统停止运行，观察指示灯及编程元素的状态，并做好观察记录。再次按下 SB1 按钮，继续观察指示灯及编程元素的状态，并做好观察记录。

(11) 利用顺控法编写梯形图程序，再进行运行实验，观察指示灯状态及编程元素的状态，并做好记录。

(12) 实验完毕，首先退出 PC 机监控，停止 PLC 运行；其次断开 DC 24 V 电源、信号发生器电源、AC 220 V 电源；最后关闭 PC 机，断开连接线，PLC 实验设备恢复初始状态。

6. 实验报告

(1) 整理出 PLC 控制梯形图；

(2) 写出实验步骤与实验观察结果；

(3) 画出顺序功能图，根据顺控功能图编写梯形图程序；

(4) 总结实验收获与不足，提出改进措施；

(5) 形成实验报告书。

7. 思考问题

思考模拟量输入信号的工程量转换问题。

第 3 章 基础课程设计

3.1 景观喷水池 PLC 控制系统设计

3.1.1 概述

在许多休闲广场、景区或游乐场里，经常看到喷水池按一定的规律喷水或变化式样，若在夜晚配上各种彩色的灯光，则更加迷人。如图 3.1 所示为某花式喷水池示意图。在图中，4 为中间喷水头，3 为内环喷水头，2 为次外环喷水头，1 为外环喷水头。

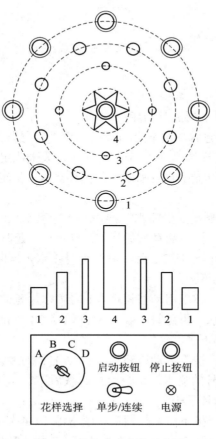

图 3.1 某花式喷水池示意图

该花式喷水池采用 PLC 控制，通过改变控制方式，实现各种复合状态的控制要求。花式喷水池控制总流程如图 3.2 所示。

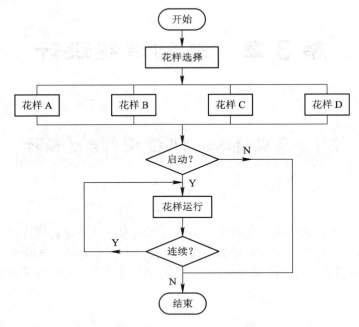

图 3.2　花式喷水池控制总流程

3.1.2　控制要求

花式喷水池，要求实现下列控制功能：

(1) 控制器电源开关接通后，按下启动按钮，喷水装置即开始工作。按下停止按钮，则停止喷水。工作方式由花样选择开关和单步/连续开关来决定。

(2) 单步/连续开关在单步位置时，喷水池只循环一次；在连续位置时，喷水池持续进行循环。

(3) 选择开关用来选择喷水池的喷水花样，1～4 号喷水头的工作方式不同，如下所示：

① 选择开关在位置 A。按下启动按钮后，4 号喷水，延时 2 s 后，增加 3 号喷水，延时 2 s 后，增加 2 号喷水，再延时 2 s 后，增加 1 号喷水，同时喷水 15 s 后全部停止。若在连续状态时，将继续循环下去。

② 选择开关在位置 B。按下启动按钮后，1 号喷水，延时 2 s 后，2 号开始喷水，延时 2 s 后，3 号接着开始喷水，再延时 2 s，4 号开始喷水，同时喷水 30 s 后全部停止。若在连续状态时，将继续循环下去。

③ 选择开关在位置 C。按下启动按钮后，1、3 号同时喷水，延时 3 s 后，2、4 号开始喷水，并同时停止 1、3 号的喷水；交替运行 5 次后，1～4 号全部喷水，30 s 后停止。若在连续状态时，将继续循环下去。

④ 选择开关在位置 D。按下启动按钮后，喷水池 1～4 号水管的工作顺序为：1-2-3-4 按顺序延时 2 s 喷水后，再一起喷水 30 s，然后 1、2、3 和 4 号依次分别延时 2 s 停止喷水；

再延时 1 s，由 4-3-2-1 反向顺序按延时 2 s 依次喷水后，再一起喷水 30 s 后停止。若在连续状态时，将继续循环下去。

⑤ 不论工作在何种方式下，按下停止按钮，喷水池将停止运行。

喷水花样控制程序流程如图 3.3 所示。

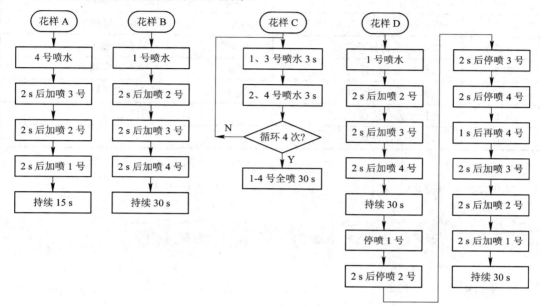

图 3.3　喷水花样控制程序流程

3.1.3　设计任务

(1) 分析工艺，估算 I/O 点数；
(2) 设计控制系统总体方案；
(3) 硬件设计，包括 PLC 选型与配置，I/O 地址分配，绘制控制系统图；
(4) 软件编程；
(5) 运行调试；
(6) 编写设计说明书。

3.1.4　设计指导

1. CPU 选型

根据 I/O 点数及对控制功能的要求，选择 CPU222 型 PLC 本体即可，它自带 8DI/6DO，共计 14 个开关量点。

2. I/O 点地址功能分配

I/O 点地址功能分配如表 3.1 所示。

3. 编程提示

可用经验法或顺控法编程实现程序控制。

表 3.1　I/O 点地址功能分配

开关量输入(DI)		开关量输出(DO)	
地址	说　明	地址	说　明
I0.0	启动按钮	Q0.0	喷水池工作指示
I0.1	停止按钮	Q0.1	1 号喷水电磁阀
I0.2	单步/连续选择开关	Q0.2	2 号喷水电磁阀
I0.3	选择开关在位置 A	Q0.3	3 号喷水电磁阀
I0.4	选择开关在位置 B	Q0.4	4 号喷水电磁阀
I0.5	选择开关在位置 C		
I0.6	选择开关在位置 D		

4. 系统调试

采用实物现场调试，模拟开关与模拟负载调试，或仿真调试。

3.2　洗衣机 PLC 控制系统设计

3.2.1　概述

洗衣机的应用已很普遍，工作原理同学们都比较熟悉。洗衣机的结构原理如图 3.4 所示。

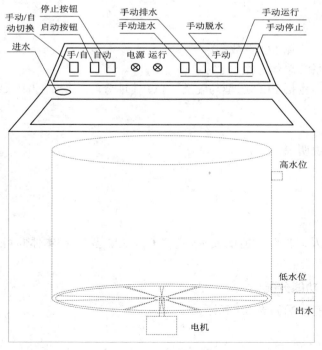

图 3.4　洗衣机的结构原理示意图

　　自动洗衣机的洗衣桶(外桶)和脱水桶(内桶)是以同一中心安放的。外桶固定,作盛水用。内桶可以旋转,作脱水(甩水)用。内桶的四周有很多小孔,使内外桶的水流相通。洗衣机的进水和排水分别由进水电磁阀和排水电磁阀控制。洗涤正转、反转由洗涤电动机驱动波轮正、反转来实现,此时脱水桶并不旋转。脱水时,由洗涤电动机带动内桶正转进行甩干。高、低水位开关分别用来检测高、低水位。启动按钮用来启动洗衣机工作。停止按钮用来实现手动停止进水、排水、脱水及报警功能。排水按钮用来实现手动排水功能。

3.2.2　控制要求

　　对洗衣机的控制要求可以用流程图 3.5 表示。

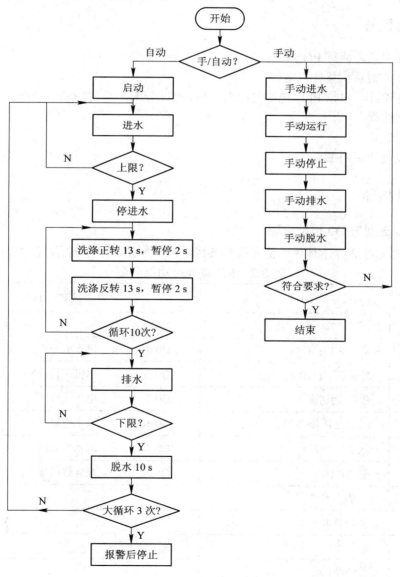

图 3.5　洗衣机程序流程

　　PLC 投入运行，系统处于初始状态，准备启动。启动后首先开始进水，水满(即水位到达高水位)时停止进水并开始正转洗涤。正转洗涤 13 s 后暂停，暂停 2 s 后开始反转洗涤。反转洗涤 13 s 后暂停，暂停 2 s 后，若正、反洗涤未满 10 次，则继续执行正转/反转洗涤动作；若正、反洗涤满 10 次时，则开始排水。排水时，水位若下降到低位时，开始脱水并继续排水。脱水 10 s 即完成一次从进水到脱水的工作大循环过程。若未完成 3 次大循环，则返回从进水开始的全部动作，进行下一次大循环；若完成了 3 次大循环，则进行洗完报警。报警 10 s 结束全部过程，自动停机。

　　此外，还要求可以通过按下排水按钮实现手动排水；按下停止按钮实现停止进水、排水、脱水及报警。

3.2.3　设计任务

(1) 分析工艺，估算 I/O 点数；

(2) 设计控制系统总体方案；

(3) 硬件设计，包括 PLC 选型与配置，I/O 地址分配，绘制控制系统图；

(4) 软件编程；

(5) 运行调试；

(6) 编写设计说明书。

3.2.4　设计指导

1. CPU 选型与 I/O 地址分配

PLC 选型 CPU224 本体就能满足控制要求。I/O 点地址功能分配如表 3.2 所示。

表 3.2　I/O 点地址功能分配

开关量输入(DI)		开关量输出(DO)	
地址	说　明	地址	说　明
I0.0	启动按钮(自动)	Q0.0	进水电磁阀
I0.1	停止按钮(自动)	Q0.1	电机正转控制
I0.2	手/自动切换	Q0.2	电机反转控制
I0.3	高水位开关	Q0.3	排水电磁阀
I0.4	低水位开关	Q0.4	脱水电磁阀
I0.5	手动进水	Q0.5	报警蜂鸣器
I0.6	手动排水		
I0.7	手动脱水		
I1.0	手动运行		
I1.1	手动停止		

2. 编程提示

(1) 可用经验法编程实现控制功能；

(2) 可用顺控法编程实现控制功能。

3. 调试系统

采用现场洗衣机实物调试、模拟开关调试或仿真调试。

3.3　四层楼电梯 PLC 控制系统设计

3.3.1　概述

电梯是一种特殊的起重运输设备，由轿厢、拖动电动机及减速传动机械、井道及井道设备、呼叫系统及安全装置等构成。轿厢是载人或装货的部位，轿厢内与楼层电梯口的操作按键及指示灯如图 3.6 和图 3.7 所示。

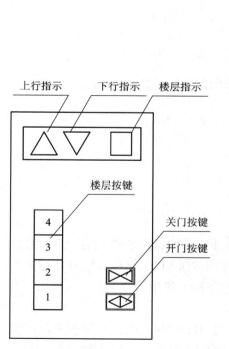

图 3.6　轿厢内按键与指示灯

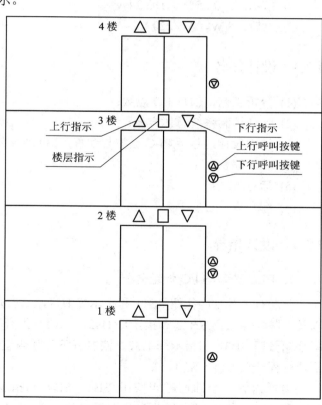

图 3.7　电梯口按键与指示灯

3.3.2　控制要求

采用 PLC 构成四层楼简易电梯电气控制系统。电梯的上行与下行由一台电动机拖动，电动机正转为电梯上升，反转则为下降。

(1) 楼层呼叫按钮及电梯内按钮按下，电梯未达到相应楼层或未得到响应时，相应按键指示灯一直接通指示。

(2) 电梯运行时，电梯开门与关门按钮不起作用，电梯到达并停在相应楼层时，电梯开门与关门动作才由电梯开门与关门按钮控制，也可延时控制打开与关闭。检测到电梯超重时，电梯门不能关闭，并由报警电铃发出报警信号。

(3) 电梯最大运行区间为三层距离，若一次运行时间超过 30 s，则电动机停转并报警。

(4) 检修开关接通时，电梯下行停在一层位置，进行检修，其他所有动作均不相应。

(5) 电梯拖动控制电路有各种常规电气保护，如短路保护、过载保护、正反转互锁等。

(6) 部分相关设备参数如下：

① 拖动电动机：5.5 kW，AC 380 V，11.6 A，1440 r/min；

② 指示灯：0.25 W，DC 24 V；

③ 电铃：8 W，AC 220 V。

3.3.3　设计任务

(1) 分析工艺，估算 I/O 点数；

(2) 设计控制系统总体方案；

(3) 硬件设计，包括 PLC 选型与配置，I/O 地址分配，绘制控制系统图；

(4) 软件编程；

(5) 运行调试；

(6) 编写设计说明书。

3.3.4　设计指导

1. PLC 选型与 I/O 地址分配

一层有上升呼叫按钮 SB11 和指示灯 H11，二层有上升呼叫按钮 SB21 和指示灯 H22，以及下降呼叫按钮 SB22 和指示灯 H22，三层有上升呼叫按钮 SB31 和指示灯 H31 以及下降呼叫按钮 SB32 和指示灯 H32，四层有下降呼叫按钮 SB41 和指示灯 H41。一至四层有到位行程开关 ST1～ST4。

电梯内有一至四层呼叫按钮 SB1～SB4 和指示灯 H1～H4，电梯开门和关门按钮 SB5 和 SB6，电梯开门和关门分别通过执行器 YA1 和 YA2 控制，关门到位由行程开关 ST5 检测。

此外还有电梯载重超重压力继电器 KP 以及故障报警电铃 HA 控制。

根据对电梯控制用 I/O 点数的计算，选择 CPU224 型 PLC，外加一块 8DI/8DO 的 EM223 扩展模块。I/O 地址功能分配如表 3.3 所示。

表 3.3　I/O 点地址功能分配

开关量输入(DI)		开关量输出(DO)	
地址	说　明	地址	说　明
I0.0	电梯内一层按钮 SB1	Q0.0	电梯内一层按钮指示灯 H1
I0.1	电梯内二层按钮 SB2	Q0.1	电梯内二层按钮指示灯 H2
I0.2	电梯内三层按钮 SB3	Q0.2	电梯内三层按钮指示灯 H3
I0.3	电梯内四层按钮 SB4	Q0.3	电梯内四层按钮指示灯 H4
I0.4	一层上升呼叫按钮 SB11	Q0.4	一层上升呼叫按钮指示灯 H11
I0.5	二层上升呼叫按钮 SB21	Q0.5	二层上升呼叫按钮指示灯 H12
I0.6	二层下降呼叫按钮 SB22	Q0.6	二层下降呼叫按钮指示灯 H22
I0.7	三层上升呼叫按钮 SB31	Q0.7	三层上升呼叫按钮指示灯 H31
I1.0	三层下降呼叫按钮 SB32	Q1.0	三层下降呼叫按钮指示灯 H32
I1.1	四层下降呼叫按钮 SB41	Q1.1	四层下降呼叫按钮指示灯 H41
I1.2	电梯开门按钮 SB5	Q1.2	电动机正转接触器 KM1
I1.3	电梯关门按钮 SB6	Q1.3	电动机反转接触器 KM2
I1.4	检修开关 SB7	Q1.4	电梯开门执行器 YA1
I1.5	电梯一层到位限位开关 ST1	Q1.5	电梯关门执行器 YA2
I1.6	电梯二层到位限位开关 ST2	Q1.6	电梯故障报警电铃 HA
I1.7	电梯三层到位限位开关 ST3		
I2.0	电梯四层到位限位开关 ST4		
I2.1	电梯关门到位限位开关 ST5		
I2.2	电梯载重超限检测 KP		
I2.3	电动机过载保护热继电器 FR		

2. 编程提示

可用顺控法编程或用经验法编程实现电梯控制功能。

3. 调试系统

根据实际条件，采用现场调试、电梯模型调试、模拟开关调试或仿真调试。

3.4　病床紧急呼叫 PLC 控制系统设计

3.4.1　概述

一所医院的综合水平，不只局限于该医院的医生水平和医疗设备是否先进，还涉及医院的服务是否到位。如何利用先进的信息技术为医院病人及医护人员提供优质服务，更大程度地提高医院的服务质量，是医院信息化建设中的一个重要方面。

病房呼叫系统为病人、病房护士、急诊专家提供了远程对话功能，它可以快速地提供病人与护士之间的联系，能显著增强医疗护理水平。图 3.8 所示为护士站病床呼叫系统结构示意图。

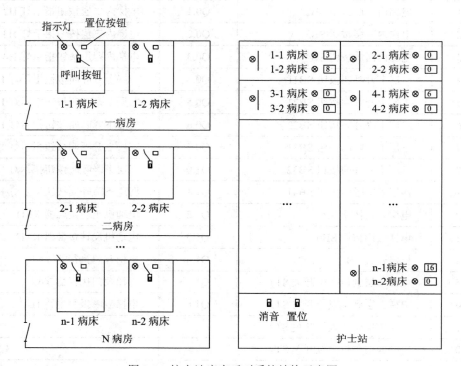

图 3.8   护士站病床呼叫系统结构示意图

3.4.2   控制要求

(1) 每一病床的床头位置均有紧急呼叫按钮及重置按钮，以便病人不适时紧急呼叫。

(2) 每一层楼有一护士站，每一护士站均有该层楼病人紧急呼叫与处理完毕的重置按钮。

(3) 每一病床的床头都有紧急指示灯，一旦病人按下紧急呼叫按钮且没在 5 s 内按下重置按钮时，该病床的床头紧急指示灯点亮，且病房门口紧急指示灯闪烁。同时，同楼层的护士站显示病房紧急呼叫并闪烁指示。

(4) 在护士站的病房紧急呼叫中心，每一病床都有编号，并显示哪一病床先按下紧急呼叫按钮，并要具有优先级判别的能力。

(5) 护士看见护士站紧急呼叫闪烁灯后，须先按下护士处理按钮以取消音响，再依病房紧急呼叫顺序处理病房紧急事故，若事故处理妥当后，病房紧急闪烁指示灯和病床上的紧急指示灯方可被重置。

病床呼叫系统程序流程如图 3.9 所示。

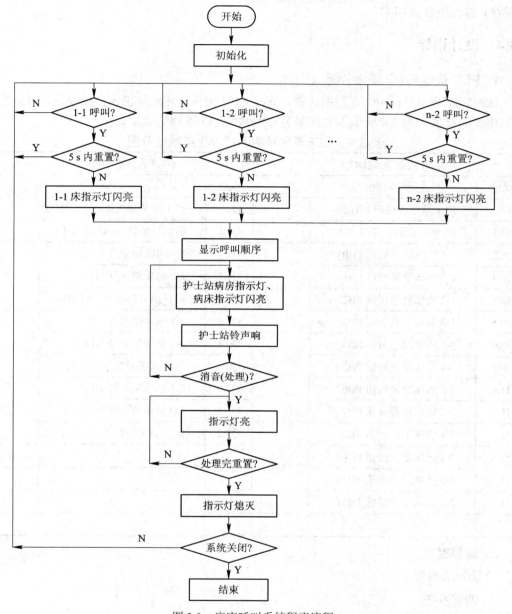

图 3.9　病床呼叫系统程序流程

3.4.3 设计任务

(1) 分析工艺，估算 I/O 点数；
(2) 设计控制系统总体方案；
(3) 硬件设计，包括 PLC 选型与配置，I/O 地址分配，绘制控制系统图；
(4) 软件编程；
(5) 运行调试；

(6) 编写设计说明书。

3.4.4　设计指导

1. PLC 选型与 I/O 地址分配

依据病床呼叫系统 I/O 点数的计算，选择 CPU 模块，并配置相应扩展模块，以满足对控制功能的要求。表 3.4 所示为病床紧急呼叫系统 I/O 点地址分配。

表 3.4　病床紧急呼叫系统 I/O 点地址分配

开关量输入(DI)			开关量输出(DO)		
地址	说　明		地址	说　明	
I0.0	护士站处理按钮 PB100	护士站	Q0.0	护士站紧急闪烁指示灯 HL0	护士站
I0.1	护士站重置按钮 PB101		Q0.1	护士站紧急音响提示 HL1	
I0.2	1-1 病床紧急按钮 PB0	一病房	Q0.2	1-1 病床警示灯 HL2	一病房
I0.3	1-1 病床重置按钮 PB1		Q0.3	1-2 病床警示灯 HL3	
I0.4	1-2 病床紧急按钮 PB2		Q0.4	第一病房闪烁指示灯 HL4	
I0.5	1-2 病床重置按钮 PB3		Q0.5	2-1 病床警示灯 HL5	二病房
I0.6	2-1 病床紧急按钮 PB4	二病房	Q0.6	2-2 病床警示灯 HL6	
I0.7	2-1 病床重置按钮 PB5		Q0.7	第二病房闪烁指示灯 HL7	
I1.0	2-2 病床紧急按钮 PB6		Q1.0	3-1 病床警示灯 HL8	三病房
I1.1	2-2 病床重置按钮 PB7		Q1.1	3-2 病床警示灯 HL9	
I1.2	3-1 病床紧急按钮 PB8	三病房	Q1.2	第三病房闪烁指示灯 HL10	
I1.3	3-1 病床重置按钮 PB9		…	…	…
I1.4	3-2 病床紧急按钮 PB10				
I1.5	3-2 病床重置按钮 PB11				
…	…	…			

2. 编程提示

用经验法编程。

3. 调试系统

采用实物现场设备调试，模拟开关和模拟负载调试，或仿真调试。

3.5　车辆出入地下车库 PLC 控制系统设计

3.5.1　概述

大型建筑物，如商场等地下空间通常设计为公共车库，但由于车辆驶入、驶出得较多，而车位有限，因此需要在通道的出、入口设置车辆进出信号调度系统，记录进出车辆并提供是否有车位的状况，以避免进出车库的车辆发生拥挤。某地下停车场共有 40 个停车位，图 3.10 所示为利用 PLC 实现的停车场车位管理示意图。

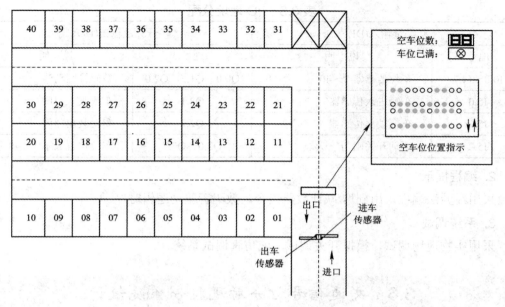

图 3.10　停车场车位管理示意

3.5.2　控制要求

(1) 停车场的入口和出口处分别安装一个传感器，用于进出车辆的检测；
(2) 有空车位时，入口闸栏才能开启，让车辆进入；
(3) 有空车位时，显示屏的绿色指示灯亮；车位已满时，红色指示灯亮；
(4) 空车位的数量和位置均在显示屏上显示；
(5) 入口和出口的闸栏能自动/手动切换控制。

3.5.3　设计任务

(1) 分析工艺，估算 I/O 点数；
(2) 设计控制系统总体方案；
(3) 硬件设计，包括 PLC 选型与配置，I/O 地址分配，绘制控制系统图；
(4) 软件编程；
(5) 运行调试；
(6) 编写设计说明书。

3.5.4　设计指导

1. CPU 选型与 I/O 地址分配

经计算得该控制系统有开关量输入 43 点，开关量输出 59 点，适当考虑余量，选型 CPU224 作为本机，并配置 2 块 16DI/16DO 的 EM223 扩展模块，3 块 8DO 的 EM222 扩展模块，构成的 PLC 系统就能满足控制功能要求。

I/O 地址分配如表 3.5 所示。

表 3.5　I/O 地址分配

开关量输入(DI)		开关量输出(DO)	
地址	说　明	地址	说　明
I0.0～I4.7	车位传感器 1～40 号	Q0.0～Q1.5，Q2.0	数码管驱动
I5.0	车辆进入传感器	Q2.1	车辆驶入门闸
I5.1	车辆驶出传感器	Q2.2	车辆驶出门闸
I5.2	手动开关闸门	Q3.0～Q7.7	车位位置显示 1～40 号

2．编程提示

采用经验法编程，用到增/减计数器指令，数码管驱动逻辑时序。

3．系统调试

采用实物现场调试，模拟开关调试，或仿真调试系统。

3.6　交通信号灯分时段控制系统设计

3.6.1　概述

目前，PLC 控制系统已经被应用到很多领域。由于它具有优良的性能，使得其在交通信号灯的控制系统中也占有一席之地。图 3.11 所示为十字路口信号灯结构示意图。

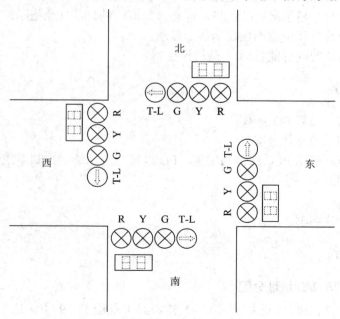

图 3.11　十字路口信号灯结构示意图

3.6.2 控制要求

1. 启停控制
启动开关 ON，则系统工作，启动开关 OFF，则系统停工作。

2. 控制对象
东西方向红灯两个，南北方向红灯两个；东西方向黄灯两个，南北方向黄灯两个；东西方向绿灯两个，南北方向绿灯两个；东西方向左转弯绿灯两个，南北方向左转弯绿灯两个。相对方向同颜色灯同步执行。

3. 控制规律
(1) 正常时段按时序图 3.12 运行。

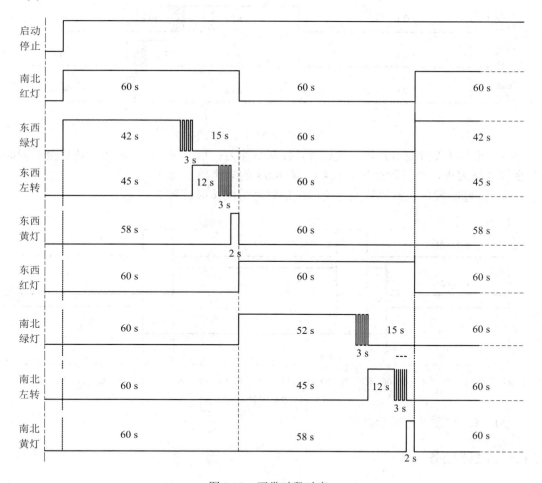

图 3.12　正常时段时序

(2) 高峰时段按时序图 3.13 运行。

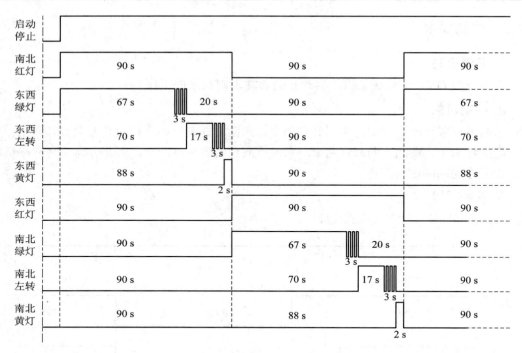

图 3.13 高峰时段时序

(3) 晚上时段按提示警告方式运行,控制规律为:东、南、西、北四个黄灯全部闪亮,其余灯全部熄灭,黄灯闪亮按亮 0.4 s,暗 0.6 s 的规律反复循环。

(4) 高峰时段、正常时段及晚上时段的时间分配按时序图 3.14 运行。

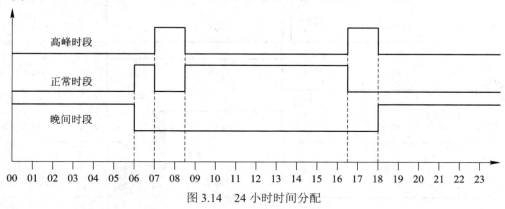

图 3.14 24 小时时间分配

(5) 倒计时数码管显示时间。

3.6.3 设计任务

(1) 分析工艺,估算 I/O 点数;
(2) 设计控制系统总体方案;
(3) 硬件设计,包括 PLC 选型与配置,I/O 地址分配,绘制控制系统图;
(4) 软件编程;

(5) 运行调试；

(6) 编写设计说明书。

3.6.4　设计指导

1. PLC 选型与配置

十字路口交通信号灯控制系统，开关量输入有 3 点，开关量输出有 8 点，选择 CPU222 型 PLC 本机，再配 1 块 4DO 的 EM222 扩展模块。

2. I/O 地址分配

PLC 的 I/O 地址分配如表 3.6 所示。

表 3.6　PLC 的 I/O 地址分配

开关量输入(DI)		开关量输出(DO)	
地址	说　明	地址	说　明
I0.0	交通灯工作控制开关	Q0.0	南北向绿灯指示
I0.1	南北向灯常绿控制开关(手动)	Q0.1	南北向黄灯指示
I0.2	东西向灯常绿控制开关(手动)	Q0.2	南北向红灯指示
		Q0.3	东西向绿灯指示
		Q0.4	东西向黄灯指示
		Q0.5	东西向红灯指示
		Q0.6	南北向左转指示灯
		Q0.7	东西向左转指示灯

3. 编程提示

采用经验法编程，注意时序切换。

4. 系统调试

采用现场实物调试、信号灯模型调试、模拟开关和模拟负载调试，或者仿真调试。

3.7　景观装饰灯 PLC 控制系统设计

3.7.1　概述

彩灯在日常生活中随处可见，无论是美化、亮化工程，还是企业的广告宣传，都借助于彩灯的形式，使得整个城市的夜晚光彩夺目，缤彩纷呈。这些彩灯可以是用霓虹灯管制成的，也可以是用白炽灯或者日光灯做光源，照亮大幅或巨幅的宣传画。彩灯控制系统通过控制全部或者部分彩灯的亮和灭、闪烁的频率、灯的亮度及灯光流动方向来达到丰富多彩的渲染效果。

3.7.2　控制要求

景观屏的结构示意图如图 3.15 所示。

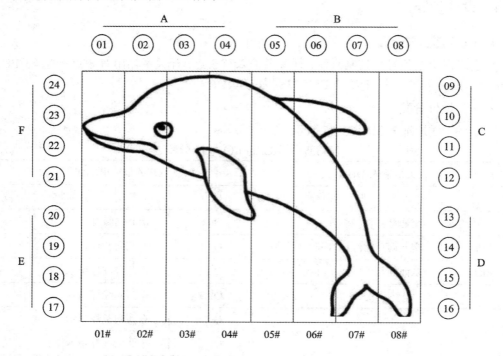

图 3.15　景观屏的结构示意图

景观屏画面的控制时序如图 3.16 所示，环灯流水控制时序如图 3.17 所示。

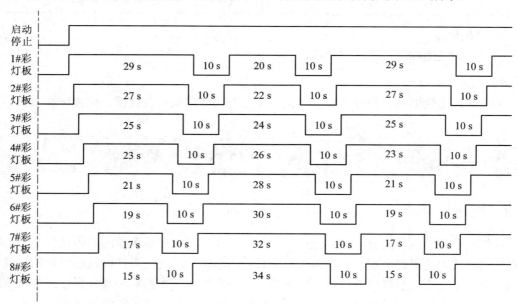

图 3.16　景观屏画面的控制时序

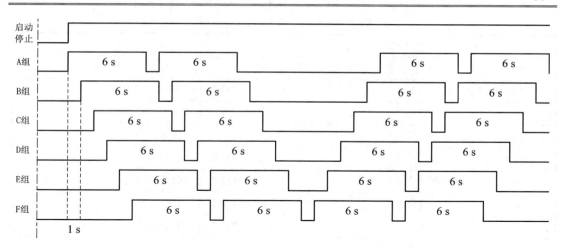

图 3.17　环灯流水控制时序

(1) 景观屏中间部分有八根彩灯板，从左到右排列，编号是 1-8。系统启动以后，彩灯板点亮的顺序依次为：1-2-3-4-5-6-7-8 号，时间间隔为 1 s，八根彩灯板全亮后，持续 15 s，然后按照 8-7-6-5-4-3-2-1 号的顺序依次熄灭，时间间隔为 1 s。彩灯板全熄灭后等待 3 s，再从 8 号灯管开始，按照 8-7-6-5-4-3-2-1 号的顺序依次点亮，时间间隔为 1 s，彩灯板全亮后，持续 20 s，再按照 1-2-3-4-5-6-7-8 号的顺序熄灭，时间间隔仍为 1 s，彩灯板全熄灭后等待 3 s，再重新开始上述过程的循环。

(2) 景观屏的三边安装有 24 只流水灯，4 只一组，共分成 6 组，即 A-B-C-D-E-F。系统启动以后，按照从 A→F 的顺序，间隔为 1 s 点亮并循环。18 s 后，按照 F→A 的顺序，依次点亮并进行循环。再次按照从 A→F 的顺序循环往复，直到系统停止工作。

(3) 各彩灯的工作电压均为 AC 220 V。

3.7.3　设计任务

(1) 分析工艺，估算 I/O 点数；

(2) 设计控制系统总体方案；

(3) 硬件设计，包括 PLC 选型与配置，I/O 地址分配，绘制控制系统图；

(4) 软件编程；

(5) 运行调试；

(6) 编写设计说明书。

3.7.4　设计指导

1. PLC 选型与配置

计算得景观灯控制系统的开关量输入 6 点，开关量输出 32 点，考虑适当余量后，选择 CPU224 型 PLC，并配置 3 块 8DO 的 EM222 扩展模块。

2. I/O 地址分配

PLC 的 I/O 地址分配如表 3.7 所示。

表 3.7　PLC 的 I/O 地址分配

开关量输入(DI)		开关量输出(DO)	
地址	说　明	地址	说　明
I0.0	系统启动	Q0.0～Q0.7	1#～8# 彩板灯
I0.1	系统停止	Q1.0～Q1.3	A 组循环灯
I0.2	彩板灯启动	Q1.4～Q1.7	B 组循环灯
I0.3	彩板灯停止	Q2.0～Q2.3	C 组循环灯
I0.4	循环灯启动	Q2.4～Q2.7	D 组循环灯
I0.5	循环灯停止	Q3.0～Q3.3	E 组循环灯
		Q3.4～Q3.7	F 组循环灯

3. 编程提示

用顺控法或经验法编程。

4. 控制系统调试

采用现场实物调试、信号灯模型调试、模拟开关和模拟负载调试，或者采用仿真调试。

3.8　液体储罐液位与流量自动控制系统设计

3.8.1　概述

对于化工、炼油等流体工业企业，液体储罐、流体管线等是必不可少的设备。为了满足工艺生产要求，往往对压力、液位、流量等参数进行控制。PLC 强大的逻辑运算、数据处理和控制功能，在工业生产过程控制中应用已经很普遍。

3.8.2　控制要求

某炼化企业的一大型液体储罐，要求对储罐内的液体液位进行定值控制，并根据出料流量的要求进行出口流量随动控制，液体储罐控制工艺如图 3.18 所示。

PLC 之外的硬件均已选型完毕，液位调节用阀和流量调节用阀均采用了气动薄膜型，带电气阀门定位器，接收 4～20 mA 电流调节作用信号；液位测量变送器量程为 0～6 m，4～20 mA 输出信号；流量变送器量程为 0～3.6 m^3/min，4～20 mA 输出信号。

控制系统应满足如下要求：

(1) 以进料流量控制液位，使液位稳定在设定值为 4.5 m 位置；

(2) 液位上限报警值为 5.3 m，超过该值时报警，并强制关闭进料阀；

(3) 液位下限报警值为 2.5 m，低于该值时报警；

(4) 流量调节的给定值，可根据后续工艺生产的需求，随时进行调整；

(5) 液位调节与流量调节都设置自动与手动两种功能。

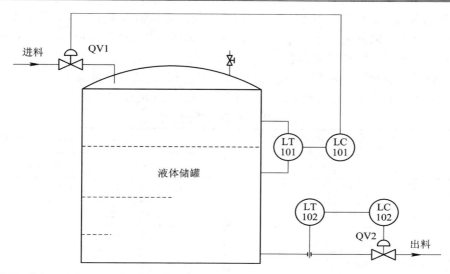

图 3.18　液体储罐控制工艺

3.8.3　设计任务

(1) 根据工艺分析，明确液位控制方案与流量控制方案；

(2) 选型 PLC，进行模块配置；

(3) 分配 I/O 地址；

(4) 编写 PLC 控制程序；

(5) PID 算法采用以下两种方案：

① 向导生成 PID 算法程序；

② 回路表法设计 PID 算法程序；

(6) 设计控制系统图；

(7) 程序调试；

(8) 编写设计说明书。

3.8.4　设计指导

1. 分析生产工艺

分析控制过程、分析对象特性，只有深入分析工艺过程，才能制定出合理的控制方案，才能确定好的控制算法。

2. 论证控制方案

该液体储罐中的液位控制，由于对象容积较大，一阶特性的过渡滞后比较明显；流量控制中的管线对象，过渡滞后时间就很小。

根据对象特性和控制要求，合理选择控制作用规律，制定合理的控制方案。

3. 控制系统硬件设计

(1) PLC 选型及配置。这里只考虑液体储罐的控制，不考虑与其相关联设备的控制问题，只要做到性能与任务相适应即可；该控制系统开关量输入 4 点，开关量输出 2 点，模拟量输入 2 点，模拟量输出 2 点。综合考虑后，选择 CPU224 型 PLC 本机，并配置 4AI 的 EM231 和 4AO 的 EM232 扩展模块各 1 块。

(2) I/O 地址分配。明确开关量的接入 I/O 地址及开关状态；明确模拟量的接入 I/O 地址及信号性质。DI/DO 地址分配如表 3.8 所示。AI/AO 地址分配如表 3.9 所示。

表 3.8　DI/DO 地址分配

开关量输入(DI)		开关量输出(DO)	
地址	说　明	地址	说　明
I0.0	液位自动/手动	Q0.0	液位上限报警
I0.1	流量自动/手动	Q0.1	液位下限报警
I0.2	控制系统运行		
I0.3	控制系统停止		

表 3.9　AI/AO 地址分配

模拟量输入(AI)		模拟量输出(AO)	
地址	说　明	地址	说　明
AIW0	液位测量值	AQW0	液位控制信号
AIW2	流量测量值	AQW2	流量控制信号

(3) 控制系统图。控制系统图主要是指原理图和接线图；

4. 控制系统软件设计

(1) 液位控制程序设计。在此，以回路表生成 PID 控制程序为例说明。主程序流程如图 3.19 所示。回路 PID 子程序流程如图 3.20 所示。中断服务子程序流程如图 3.21 所示。

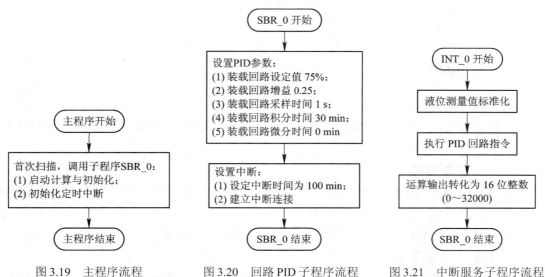

图 3.19　主程序流程　　　　图 3.20　回路 PID 子程序流程　　　　图 3.21　中断服务子程序流程

（2）流量控制程序设计。在此以向导生成 PID 控制程序为例说明。向导生成 PID 运算子程序时，选择"增加 PID 手动控制"项，如图 3.22 所示。

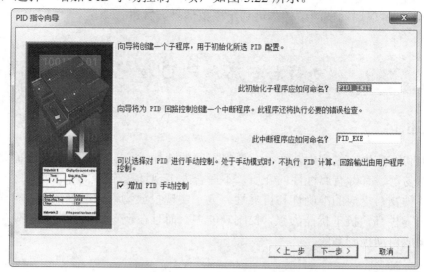

图 3.22　增加 PID 手动控制

由于模拟量测量与控制信号均为标准的二线制信号，输入、输出信号选择"使用 20%偏移量"，如图 3.23 所示。

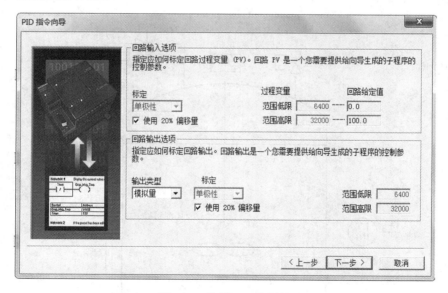

图 3.23　使用 20%偏置量

5. 编程提示

（1）用经验法编程；

（2）编程时，注意 PID 自动与手动无扰动切换问题。

6. 控制系统调试

（1）先离线初步调试，再进行在线联机调试；

(2) 在线联机调试时，先在手动状态下进行调试，然后再进行自动控制调试；

(3) 发现问题及时修正，直到达到控制目标要求；

(4) 若不具备现场调试的条件，可利用模拟信号装置进行调试。

3.9　混料罐物料混合 PLC 控制系统设计

3.9.1　概述

在化工和医药生产过程中，往往需要将不同的液体进行混合，而且这些需要混合的液体多为易燃易爆、有毒有腐蚀性的介质，不适合人工现场操作。混料的关键之一是保证混料过程中各种物料投放的准确性和可靠性。为了实现投放物料的准确控制，可选用 PLC。PLC 工作可靠性高，抗干扰能力强，控制功能多，而且在现场的调试过程中使用方便，能很方便地构成自动控制系统。

3.9.2　控制要求

某企业液体生产车间有一搅拌式液体混料罐，工艺要求实现自动控制，液体混料罐工艺控制如图 3.24 所示。

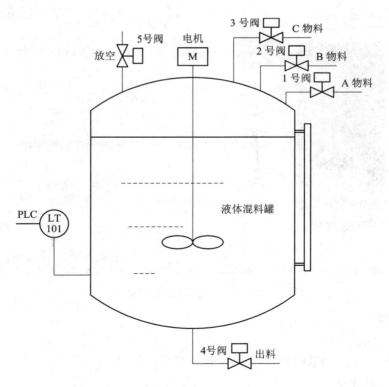

图 3.24　液体混料罐工艺控制

控制系统应满足如下要求：

(1) 有手动控制和自动控制两套功能；

(2) 手动状态下，完全由手动控制加料、搅拌、放料过程，液位高低由玻璃管液位计显示；

(3) 自动状态下，按下启动按钮，加料、搅拌、放料过程自动循环进行；

(4) 不管是自动还是手动运行状态，按下停止按钮时，即刻停止运行；

(5) 控制过程如下：

① 关闭 4 号阀，打开 5 号阀，然后打开 1 号阀加物料 A 至液位 H1；

② 关闭 1 号阀，然后打开 2 号阀加物料 B 至液位 H2 后关闭，关闭 5 号阀；

③ 启动搅拌电机，正转 1 min 后，暂停 10 s 后再反转 1 min，暂停 10 s……，如此循环 3 次；

④ 打开 5 号阀，再打开 3 号阀，加物料 C 至液位 H3 后关闭，关闭 5 号阀；

⑤ 启动搅拌电机，正转 1 min 后，暂停 10 s 后再反转 1min，暂停 10 s……，如此循环 5 次；

⑥ 打开 5 号阀，打开 4 号阀放料，待液位降低到最低液位 H4 时，混合液体出料完毕；

⑦ 循环执行上述过程，直到按下停止按钮；

⑧ 液位过高报警。

3.9.3　设计任务

(1) 根据工艺分析，明确控制方案；

(2) 选型 PLC，进行模块配置；

(3) 分配 I/O 地址；

(4) 编写 PLC 控制程序，采用经验法和顺控法两套方案分别编写；

(5) 设计控制系统图；

(6) 程序调试，实现工艺要求控制功能；

(7) 编写设计说明书。

3.9.4　设计指导

(1) 由于混合液体的密度不同，不能采用差压式液位测量变送器，可选用翻板式液位测量变送器；不采用液位开关，利用比较指令实现进料与放料阀的开关；

(2) 分析工艺流程与控制要求，确定控制方案；

(3) 控制系统硬件设计。

① 根据 I/O 点数和控制功能要求，选型 PLC。在此，选用 CPU224XP，自带 14DI/10DO，2AI/1AO，能满足控制要求；

② 分配 I/O 地址，建立变量表。开关量 DI/DO 地址分配如表 3.10 所示。模拟量 AI/AO 地址分配如表 3.11 所示。

③ 绘制控制系统图。绘制控制原理图，绘制 PLC 接线图。

表 3.10　DI/DO 地址分配

开关量输入(DI)		开关量输出(DO)	
地址	说　明	地址	说　明
I0.0	自动/手动开关	Q0.0	1 号电磁阀
I0.1	启动运行按钮	Q0.1	2 号电磁阀
I0.2	停止运行按钮	Q0.2	3 号电磁阀
I0.3	1 号阀手动开	Q0.3	4 号电磁阀
I0.4	1 号阀手动关	Q0.4	5 号电磁阀
I0.5	2 号阀手动开	Q0.5	搅拌电机
I0.6	2 号阀手动关	Q0.6	搅拌电机
I0.7	3 号阀手动开	Q0.7	声音报警
I1.0	3 号阀手动关		
I1.1	4 号阀手动开		
I1.2	4 号阀手动关		
I1.3	5 号阀手动开		
I1.4	5 号阀手动关		

表 3.11　AI/AO 地址分配

模拟量输入(AI)		模拟量输出(AO)	
地址	说　明	地址	说　明
AIW0	液位测量值		

(4) 控制系统软件设计。

① 画出控制程序流程图；

② 编写控制程序。电机的正、反转切换时，务必注意可能的电源短路问题。控制工艺本身要求有 10 s 的延时间隔；

③ 该系统属于顺序控制系统，先画出顺序功能图，然后根据顺序功能图画出梯形图；

④ 也可以用经验法编写用户程序。

(5) 控制系统调试。

① 先离线初步调试，再进行在线联机调试；

② 在线联机调试时，先在手动状态下进行调试，然后再进行自动控制调试；

③ 发现问题及时修正，直到满足控制功能要求；

④ 若不具备实物现场调试条件，可采用模拟开关、模拟信号发生器等离线调试。

3.10 加热炉温度自动控制系统设计

3.10.1 概述

加热炉在工业生产中用的也比较多，有燃煤的加热炉，也有烧煤气的加热炉，还有煤、气混合加热炉、电加热炉等。加热炉的主要作用是对物料进行加热，达到工业生产所需要的温度。这就需要对出料温度进行控制，影响被加热物料出口温度的因素主要有燃料流量波动、被加热物料温度及流量波动等。

3.10.2 控制要求

某管式加热炉控制系统如图 3.25 所示，用燃油燃烧加热流动液体进料。

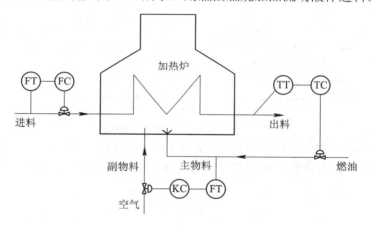

图 3.25　某管式加热炉控制系统

工艺生产过程中，被加热介质的流量随生产能力而随时改变设定值，且进料温度受环境温度影响；工艺生产技术上，要求被加热介质的出料最佳温度稳定在 75℃，偏差限定在 ±3℃；加热用燃料为燃料油，并按比例系数配置空气，以防止不完全燃烧。

工艺介质需求量增加时，流量增大，加热炉的出料口温度降低，要确保控制在给定温度上，就得加大燃料油流量，并按比例增加空气量，反之则减少燃料油流量和空气量；如果工艺介质的进料温度出现波动，也会影响工艺介质的出口温度，也是通过改变燃料量进行调节，使出口温度稳定在工艺要求的实际范围内。

3.10.3 设计任务

(1) 根据工艺分析，明确控制方案；
(2) 选型 PLC，进行模块配置；
(3) 分配 I/O 地址；
(4) 编写 PLC 控制程序；

(5) 设计控制系统图；

(6) 程序调试，实现工艺控制指标；

(7) 编写设计说明书。

3.10.4　设计指导

(1) 通过分析工艺过程，找出调节参数、被调参数以及可能影响被调参数稳定的干扰因数。

调节参数：燃料油与空气流量。

被调参数：工艺介质出料温度。

可能的干扰：工艺介质流量变化、工艺介质温度变化、燃料油及空气温度变化。

(2) 分析控制要求，确定控制方案。

① 建立温度–燃料油单回路控制系统。利用燃料油流量影响加热炉温度，进而对出料温度进行调节，构建单回路温度 PID 控制；调节器为反作用，构成负反馈系统，如图 3.26 所示。

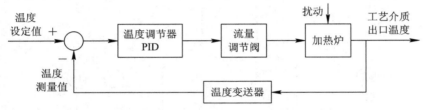

图 3.26　温度–燃料油单回路控制

② 建立燃料油–空气比值控制系统。以燃料油为主物料，空气为副物料，构成开环比值控制系统，比值系数由燃料油成分的实际情况决定。调节器为正作用，构成开环比值系统，如图 3.27 所示。

图 3.27　燃料油–空气比值控制

③ 建立工艺介质流量可变设定值控制系统。工艺生产负荷随时变化，根据负荷情况，调整工艺介质流量设定值，建立流量单回路 PID 可变给定值控制系统。调节器为反作用，构成负反馈系统，如图 3.28 所示。

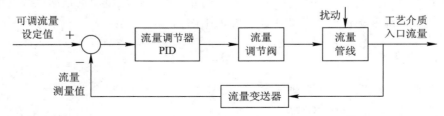

图 3.28　介质流量可变定值控制

④ 联锁控制。火焰熄灭时，报警并联锁关闭进油阀、开大空气阀、关闭进料阀。

(3) 控制系统硬件设计。

① 根据 I/O 点数和对控制功能的要求，选择 CPU224 型 PLC，并配置 4AI 扩展模块 EM231 和 4AO 扩展模块 EM232 各 1 块。

模拟量输入：出料温度，燃油流量，进料流量。

模拟量输出：控制燃油流量调节阀，控制空气流量调节阀，控制进料流量调节阀。

工艺介质流量设定值、比值调节的比例系数、各调节回路的 PID 参数等可通过触摸屏给定。

② 配置扩展模块，分配 I/O 地址，建立变量表。PLC 的 I/O 地址分配如表 3.12 所示。

表 3.12　PLC 的 I/O 地址分配

模拟量输入(AI)		模拟量输出(AO)	
地址	说　明	地址	说　明
AIW0	出料温度测量值	AQW0	控制燃油流量阀
AIW2	燃油流量测量值	AQW2	控制空气流量阀
AIW4	被加热物料流量测量值	AQW4	控制物料流量阀

③ 绘制控制系统图。绘制控制原理图，绘制 PLC 接线图。

(4) 控制系统软件设计。

① 画出控制程序流程图。

② 利用经验法编写控制程序；注意 PID 运算时自动与手动切换的无扰动设计。

③ 利用向导生成 PID 控制子程序。

(5) 控制系统调试。

① 先离线初步调试，再进行在线联机调试。

② 在线联机调试时，先在手动状态下进行调试，然后再进行自动控制调试。

③ 发现问题及时修正，直到满足控制功能要求。

④ 若不具备实物现场调试条件，可采用模拟开关、模拟信号发生器实时调试。

第 4 章　综合课程设计

4.1　温室大棚自动控制系统设计

4.1.1　设计背景

植物生长主要受温度、湿度、光照强度、CO_2 浓度等因素的影响，温室能对这些环境参数进行调节，能使植物避免受自然环境因素的限制，使其按照自身的最佳条件生长，从而实现优质高产。

温室大棚控制系统是基于传统温室，结合传感器技术和自动控制技术等发展而来的，能够为各种各样的作物提供无关地域、季节的良好生长环境，从而提高土地产出率，实现无污染、高效、高产、优质的目标。

4.1.2　控制要求

该温室为独栋建筑，面积为 $100\ m^2$，顶部使用透光材料制作，并在顶部开有天窗，四周开有侧窗，温室设有自动控制系统。

温室控制系统中，影响植物生长的环境参数很多，起主要作用的环境参数有温度、湿度、光照度、CO_2 浓度 4 个参数，因此，本控制系统是针对这 4 个参数实施控制的。

根据温室内所需控制的环境参数的种类，所用的执行设备包括外遮阳幕、内保温幕、湿帘水泵、天窗、侧窗、循环风机、通风机、CO_2 补气阀、补光灯和加温器。

根据植物生长规律，建立温室自动控制系统，通过传感器将温度、湿度、CO_2 浓度、光照度等信号传输到 PLC 控制器，PLC 再根据控制程序驱动执行部件动作，调节相应参数，并对异常情况进行报警。为了便于操作，设置自动控制和手动控制两种方式。

要求控制系统实现的功能有：

(1) 实时检测温室中的温度、湿度、CO_2 浓度、光照度参数；

(2) 实时显示温室执行部件的状态；

(3) 在线设定温度、湿度等参数的上限、下限值以及设备执行的延迟时间；

(4) 具有参数的实时趋势曲线、历史趋势曲线显示功能；

(5) 具有实时数据库、历史数据报表的查询功能；

(6) 具有自动控制功能，使环境参数在用户所设区间内；

(7) 具有故障报警功能，当数据出错，以及执行部件状态出错时，能执行故障报警；

(8) 具有手动控制功能。

4.1.3 设计任务

(1) 认真分析控制对象特性，确定控制措施；
(2) 依据控制要求，设计总体控制方案；
(3) 选型 PLC，并进行合理配置和 I/O 编址；
(4) 绘制控制系统图，主要是电气原理图和 PLC 外围接线图；
(5) 编写用户程序；
(6) 调试系统，实现控制目标；
(7) 编写设计说明书。

4.1.4 设计指导

1. 总体方案设计

整个控制系统功能需要由上位机与 PLC 共同完成。上位机实现参数设置、自动/手动操作、数据存储、设备状态显示等；PLC 实现监测数据的采集、控制信号输出等。控制系统总体结构如图 4.1 所示。

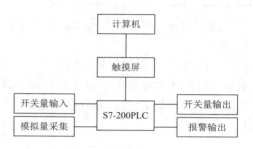

图 4.1 控制系统总体结构

2. 控制系统硬件设计

(1) 输入/输出点计算。通过分析工艺过程，根据系统控制的要求，得到 PLC 的输入/输出信号如表 4.1 和表 4.2 所示。

表 4.1 开关量输入/输出信号

开关量输入(DI)		开关量输出(DO)	
信号	数量	信号	数量
自动/手动切换	1	故障报警	1
故障报警消除	1	天窗/侧窗电机	5
天窗状态反馈	2	湿帘水泵	1
侧窗状态反馈	8	遮阳幕展开	1
湿帘水泵状态反馈	1	遮阳幕闭合	1
遮阳幕状态反馈	2	保温幕展开	1
保湿幕状态反馈	2	保温幕闭合	1
加温器状态反馈	1	加温器	1
CO_2 补气阀状态反馈	1	CO_2 补气阀	1
补光灯状态反馈	1	补光灯	1
循环风机状态反馈	1	循环风机	1
通风机状态反馈	1	通风机	1
合计	22	合计	16

表 4.2　模拟量输入/输出信号

模拟量输入(AI)		模拟量输出(AO)	
信号	数量	信号	数量
温度	4		
湿度	4		
CO_2 浓度	1		
光照度	1		
合计	10		

根据表 4.1 和表 4.2 所示，开关量输入有 22 个，开关量输出有 16 个，模拟量输入有 10 个。

(2) PLC 选型及配置。综合考虑控制系统的要求、输入/输出点的计算数量(适当留余量)，以及程序存储器的估算量后，选择 CPU226 型 PLC 主机，并配置一块 EM223(4DI/4DO)扩展模块、一块 EM231(4AI)扩展模块和一块 EM231(8AI)扩展模块。PLC 的配置结构如图 4.2 所示。

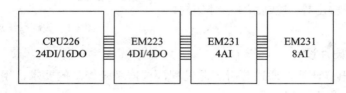

图 4.2　PLC 的配置结构

PLC 的 I/O 地址分配如表 4.3 和表 4.4 所示。

表 4.3　开关量 I/O 地址分配

开关量输入(DI)		开关量输出(DO)	
地址	说　明	地址	说　明
I0.0	自动/手动切换	Q0.0	故障报警
I0.1	故障报警消除	Q0.1	天窗电机
I0.2	天窗开到位	Q0.2	侧窗 1 电机
I0.3	天窗关到位	Q0.3	侧窗 2 电机
I0.4	侧窗 1 开到位	Q0.4	侧窗 3 电机
I0.5	侧窗 1 关到位	Q0.5	侧窗 4 电机
I0.6	侧窗 2 开到位	Q0.6	湿帘水泵
I0.7	侧窗 2 关到位	Q0.7	遮阳幕展开
I1.0	侧窗 3 开到位	Q1.0	遮阳幕闭合
I1.1	侧窗 3 关到位	Q1.1	保温幕展开
I1.2	侧窗 4 开到位	Q1.2	保温幕闭合

续表

开关量输入(DI)		开关量输出(DO)	
地址	说　明	地址	说　明
I1.3	侧窗 4 关到位	Q1.3	加温器
I1.4	湿帘水泵状态反馈	Q1.4	CO_2 补气阀
I1.5	遮阳幕开到位	Q1.5	补光灯
I1.6	遮阳幕关到位	Q1.6	循环风机
I1.7	保湿幕开到位	Q1.7	通风机
I2.0	保温幕关到位		
I2.1	加温器状态反馈		
I2.2	CO_2 补气阀状态反馈		
I2.3	补光灯状态反馈		
I2.4	循环风机状态反馈		
I2.5	通风机状态反馈		

表 4.4　模拟量 I/O 地址分配

模拟量输入(AI)		模拟量输出(AO)	
地址	说　明	地址	说　明
AIW0	温度 1		
AIW2	温度 2		
AIW4	温度 3		
AIW6	温度 4		
AIW8	湿度 1		
AIW10	湿度 2		
AIW12	湿度 3		
AIW14	湿度 4		
AIW16	CO_2 浓度		
AIW18	光照度		

(3) 传感器选型。由于被测参数是温室内的温度、湿度、CO_2 浓度、光照度等环境因素，因此测量值的范围可以确定。温室环境参数具有时变时延特性，因此对传感器精度要求不高，但是温室环境复杂，干扰多，故对传感器稳定性要求较高。

温度传感器选用 AD590，湿度传感器选用 HS1101，CO_2 浓度传感器选用 MG811，光照传感器选用 GM5516 光敏电阻。

(4) 执行装置。执行部件有外遮阳幕、内保温幕、天窗、侧窗、循环风机、通风机、湿帘水泵、CO_2 补气阀、补光灯、加温器等。

3. 控制系统软件设计

(1) 模拟量采集。温室环境参数值通过传感器传送至 PLC 的模拟量输入端，利用 PLC 程序实现工程量转换，即转换为实际的工程量数值，保存于存储器中并在上位机中实时显示。

(2) 运算控制。温室环境有较大的滞后性，不需要对参数进行过于精确的控制，只需要保证环境参数在适宜作物生长的一定范围内即可，采用开关控制方式。对于每个环境参数的控制而言，自动控制方式大致相同，就是将环境参数实时值与用户所设定区间比较，若在区间外，则触发相应执行部件，直到 PLC 采集到的实时值回到用户所设区间内。对于每个执行部件，都具有状态反馈，以判定该执行部件是否正常工作。

以室温控制为例，温度控制程序流程如图 4.3 所示。初始化后，比较实际温度与温度区域上限、下限值，当实际温度低于温度下限时，PLC 控制加温器、保温幕、循环风机，使温度上升；当实际温度高于温度上限时，PLC 控制遮阳幕、湿帘水泵、循环风机，使温度下降，从而使实际温度回到温度下限与上限之间。

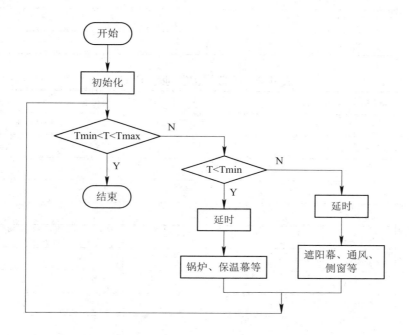

图 4.3　温度控制程序流程

湿度、CO_2 浓度、光照强度的自动控制与温度自动控制基本相同。

(3) 故障报警。当系统出现故障时，通过监控画面故障报警以及现场指示灯报警，及时通知操作人员注意。故障报警主要有：

① 同一种执行部件同时执行关闭和打开动作；

② 每一种执行部件的状态反馈与实际状态不一致；

③ 传感器采集的数据不在理论值范围内。

产生故障报警后，操作人员可以根据故障报警的情况，分析故障来源，从而排除故障。故障报警控制程序流程如图 4.4 所示。

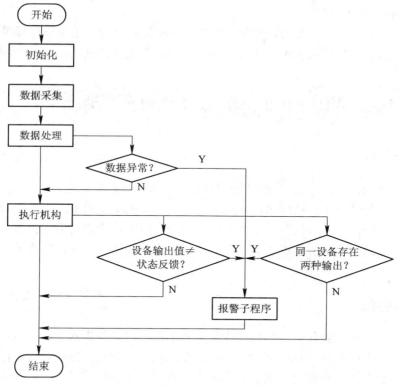

图 4.4　故障报警控制程序流程

4. 上位机组态设计

上位机采用触摸屏和 PC 机，触摸屏用于现场操作和监视，PLC 的运行数据通过触摸屏转发至 PC 机，PC 机用于远程监控与管理。

上位机用于实现人机交互，主要有数据显示、参数设置、手动/自动切换、用户管理、生成数据报表、趋势曲线、数据库操作等。

PC 机监控画面应体现实时数据显示、参数设定、数据报表、历史数据曲线、故障报警记录等功能，也应体现工艺过程及设备状态等。温室监控系统 PC 机监控主画面如图 4.5 所示。

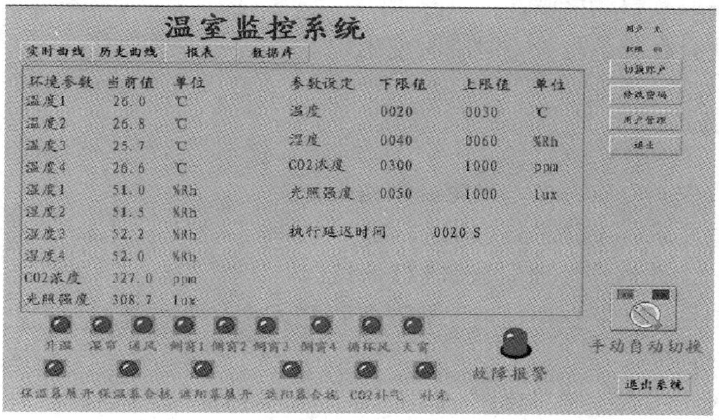

图 4.5　温室控制系统 PC 机监控主画面

5. 控制系统调试

系统调试主要针对环境参数的采集与显示、执行机构的动作状态反馈等采取必要的抗干扰措施，以满足控制目标要求。调试的基本步骤是先离线调试，然后再在线调试。

4.2　恒压供水自动控制系统设计

4.2.1　设计背景

由于生活区的性质，用水量在不同时间段是不同的。在用水量较高时，供水管道中的水压将下降，不能满足用户的需求；在用水量较低时，供水管道中的水压将升高，超出了用户的需求，这种情况不但浪费了能源，而且还会破坏供水管道及用水设施。为了解决供水压力不稳的问题，实施恒压供水自动控制措施，确保了供水质量，提高了服务管理水平和社会效益。

4.2.2　控制要求

综合考虑目前供水系统在实际应用中的一些弊端，设计的供水系统应以高效节能、供水稳定为前提，采用 PID 闭环控制方式，提高系统控制的精度。控制系统工作的原理是利用变频器、PLC 和压力传感器相结合，实现变频调速，使管网的压力稳定在设定值，从而达到恒压供水的目的。

为保证各设备安全运行，使用上位机对系统实施监控，内容包括工艺流程、参数显示、参数设定、设备状态显示、数据报表、历史数据曲线等。另外，为了运行操作和维护方便，设置手动和自动两种控制功能。具体要求如下：

(1) 生活供水保持低恒压值运行；

(2) 三台给水泵，根据恒压控制需要，采用"先开后停"的原则接入和退出；

(3) 低流量供水时，若一台泵连续工作 3 小时，则进行换泵操作，避免同一台泵工作时间过长；

(4) 给水泵采取软启动措施；

(5) 手动操作只在应急与检修时临时使用。

4.2.3　设计任务

(1) 认真分析控制对象特性，确定控制措施；

(2) 依据控制要求，设计总体控制方案；

(3) 选型 PLC，并进行合理配置和 I/O 编址；

(4) 绘制控制系统图，主要是电气原理图和 PLC 外围接线图；

(5) 编写用户程序；

(6) 调试系统，实现控制目标；

(7) 编写设计说明书。

4.2.4　设计指导

1. 总体方案设计

控制系统的设计目标是达到恒压供水压力的要求，调节对象是电机水泵，被控参数为供水压力。当系统供水时，管网中的水压大小取决于供水量和用水量的关系。在供水量大于用水量的时候，供水管道中的水压将会增高；在供水量小于用水量的时候，供水管道中的水压将会下降；在供水量等于用水量的时候，则供水管道中的水压保持不变。所以，在控制流量时，将水压作为被控制参数。供水压力控制原理如图 4.6 所示。

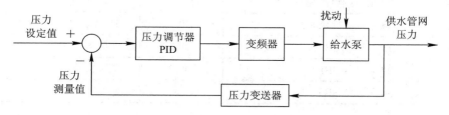

图 4.6　供水压力控制原理

依据对工艺过程的分析，采用 PLC 作为控制器，设计基于 PID 的变频恒压供水系统，应用三个水泵的工频与变频组合运行，实现恒压供水过程。1# 泵和 2# 泵为主要供水泵，3# 泵作为备用水泵。同时，与上位机构成实时监控系统，控制系统总体方案结构如图 4.7 所示。

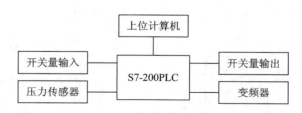

图 4.7　控制系统总体方案结构

2. 控制系统硬件设计

(1) PLC 选型与配置。该供水控制系统的开关量输入有变频器启停、正转启停、手/自动切换、1#～3# 泵工频启停、1#～3# 泵过载，共计 9 个点；开关量输出有 1#～3#泵工频运行、1#～3# 泵变频运行、变频启动、故障报警，共计 8 个点；模拟量的输入与输出各有 1 点，分别是供水压力信号和变频器调速信号。

基于以上变量，再考虑 10%～15% 的余量，选型 CPU224XP 主机就能满足控制要求。

(2) I/O 地址分配。CPU224XP 型 PLC 本身自带 14 点开关量输入、10 点开关量输出、2 点模拟量输入和 1 点模拟量输出。对 PLC 的 I/O 端编址如表 4.5 和表 4.6 所示。

(3) 变频器选型。控制系统采用西门子 MM440 变频器，功率为 7.5 kW，考虑到电网的频率、变频器性能、电机工作频率等多方面因素，把 50 Hz 设定为电机运行可调频率的最大值，将 20 Hz 设置为电机运行可调频率的最小值。

(4) PLC 外围接线。PLC 的外围硬件接线如图 4.8 所示。

表 4.5　开关量 I/O 编址

开关量输入(DI)		开关量输出(DO)	
地址	说　明	地址	说　明
I0.0	变频器启停 SB1	Q0.0	1# 泵变频
I0.1	正转启停 SB2	Q0.1	1# 泵工频
I0.2	手/自动切换 SB3	Q0.2	2# 泵变频
I0.3	1# 泵工频启停 SB4	Q0.3	2# 泵工频
I0.4	2# 泵工频启停 SB5	Q0.4	3# 泵变频
I0.5	3# 泵工频启停 SB6	Q0.5	3# 泵工频
I0.6	1# 泵过载 SB7	Q0.6	变频器启动
I0.7	2# 泵过载 SB8	Q0.7	故障报警
I1.0	3# 泵过载 SB9		

表 4.6　模拟量 I/O 编址

模拟量输入(AI)		模拟量输出(AO)	
地址	说　明	地址	说　明
AIW0	供水压力	AQW0	变频器调速

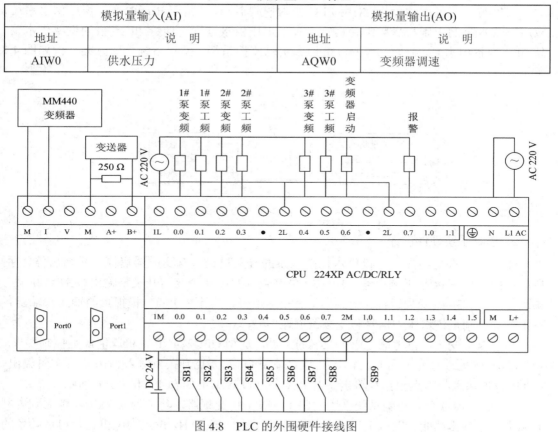

图 4.8　PLC 的外围硬件接线图

3. 控制系统程序设计

控制系统使用了 PID 闭环控制方式，利用压力传感器测量管道供水压力，然后将压力转变为电信号，反馈至 PID 控制器，经过计算控制变频器，以改变水泵的转速；在用水量增加时，供水管道中的压力将小于压力设定值，此时变频器的输出频率会变大，提高水泵的转速，从而增加供水量；当 1#泵的转速达到上限，且供水压力还小于压力设定值时，此时 1#水泵将由变频工作状态自动切换至工频工作状态，2#泵变频工作；若此时管网的水压大于压力设定值，2#泵转速下降，频率减小，当压力减小到下限值，且管网压力仍大于压力设定值时，则 1#泵停止，2#泵变频工作；在管网水压快要达到压力设定值时，水泵转速的变化开始减缓，直到转速不再改变，使供水管道中的水压控制在压力设定值上，达到供水压力稳定的要求。供水压力控制程序流程图如图 4.9 所示。

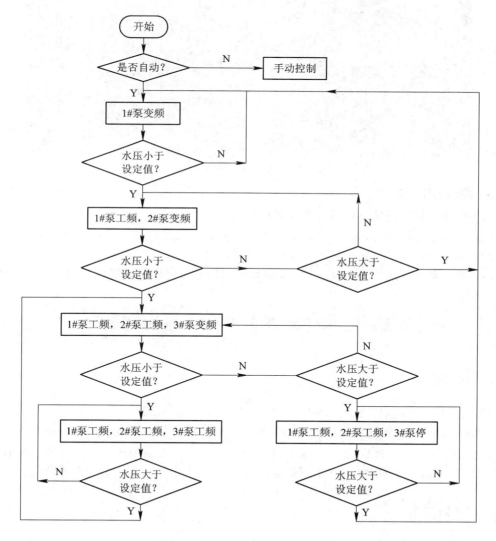

图 4.9　供水压力控制程序流程图

4. 上位机组态设计

组态王监控软件是工业生产中使用较多的监控工具。该软件还有程序设计和管理等功能，使工厂生产过程达到最优化。

组态画面的设计要具有必要的操作功能，能显示工艺流程及运行状态，能显示过程变量，能进行参数设定、故障报警等，并实现历史数据保存、查询、报表等功能。恒压供水监控主界面如图 4.10 所示。

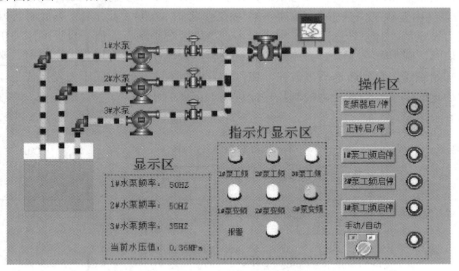

图 4.10　恒压供水监控主界面

5. 控制系统调试

(1) 先离线初步调试，再进行在线联机调试；

(2) 在线联机调试时，先在手动状态下进行调试，然后再进行自动控制调试；

(3) 发现问题及时修正，直到满足控制要求；

(4) 若不具备现场实物调试条件，可离线采用信号发生器等模拟设备调试或仿真调试。

4.3　生产线运料车自动控制系统设计

4.3.1　设计背景

在企业生产过程中，物流系统运行状况的好坏，直接影响着企业的生产效益和管理水平。因此，对生产线物流系统进行自动化设计，将有效提高物料处理效率，减少工件库存的数量，保证物料及时供应，减小物料搬运费用，减小制造设备所需的空间等，从而减少产品的生产周期，削减物流成本，提高工厂利润和生产率，为工厂赢得竞争优势。

4.3.2　控制要求

1. 运料车工艺流程

某生产线上的运料车沿轨道运行，将生产线原料运送至 12 个作业点上，供设备与生产人员使用。生产运行中，要求运料能够响应生产作业点的呼叫，并停靠相应作业点。运料车工作流程如图 4.11 所示。

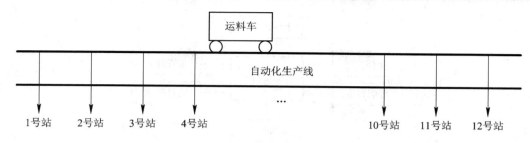

图 4.11　运料车工作流程

生产线上，除启动按钮和停止按钮外，每个作业点分别编号，并配置呼叫按钮和用于确认运料车是否准确停靠的行程开关。

2. 控制要求

对运料车的控制应满足以下要求：

(1) 按下启动按钮后，运料车开始工作；

(2) 按下停止按钮后，运料车停止工作；

(3) 呼叫按钮有互锁功能。当一个或多个呼叫按钮按下后，系统能判别出按钮位置，响应最先按下的按钮；

(4) 若运料车停靠的位置编号小于呼叫按钮的编号值，电动机正转，运料车向右运动到作业点停靠；反之，电动机反转，运料车向左运动到作业点停靠；

(5) 若运料车停靠的位置编号等于呼叫按钮的编号值，小车保持不动；

(6) 若行程开关和电动机正/反转继电器出现故障，运料车能及时停机并报警，防止事故发生。

4.3.3　设计任务

(1) 认真分析控制对象特性，确定控制措施；

(2) 依据控制要求，设计总体控制方案；

(3) 选型 PLC，并进行合理配置和 I/O 编址；

(4) 绘制控制系统图，主要是电气原理图和 PLC 外围接线图；

(5) 编写用户控制程序；

(6) 调试系统，实现控制要求；

(7) 编写设计说明书。

4.3.4　设计指导

1. 总体方案设计

控制系统总体结构如图 4.12 所示。

启停按钮、呼叫按钮、位置开关、电动机运行与停止控制开关以及故障报警，均为开关量点。PLC 根据输入点的状态，逻辑推断出输出点状态，控制电动机运行；电动机的运行位置、状态以及开关量点的状态、报警状态，由上位机(触摸屏)实施监控。

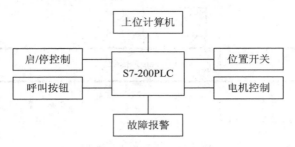

图 4.12　控制系统总体结构

2. 控制系统硬件设计

(1) PLC 选型与配置。根据工艺控制要求，PLC 的开关量输入是 26 点，开关量输出是 3 点，考虑 10%～15% 的余量，故选择 CPU222 型 PLC 为主机，自带 8 点开关量输入和 6 点开关量输出，再配以 EM221(16DI)、EM221(8DI) 共计 2 个扩展模块，构成 PLC 控制系统，满足运料车的工艺控制要求。CPU222 和 EM221 的配置结构如图 4.13 所示。

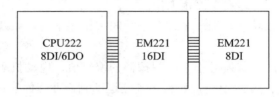

图 4.13　CPU222 和 EM221 的配置结构

(2) I/O 地址分配。PLC 开关量输入信号包括 1 个启动按钮、1 个停止按钮、12 个呼叫按钮、12 个行程开关；开关量输出信号包括 1 个电动机正转控制、1 个电动机反转控制、1 个故障报警。输入/输出信号的具体功能及 I/O 分配地址如表 4.7 所示。

表 4.7　输入/输出信号的具体功能及 I/O 分配地址

开关量输入(DI)		开关量输出(DO)	
地址	说　明	地址	说　明
I0.0	启动按钮	Q0.0	电机正转
I0.1	停止按钮	Q0.1	电机反转
I0.2	1 号站呼叫按钮	Q0.2	故障报警
I0.3	2 号站呼叫按钮		
I0.4	3 号站呼叫按钮		
I0.5	4 号站呼叫按钮		
I0.6	5 号站呼叫按钮		
I0.7	6 号站呼叫按钮		
I1.0	7 号站呼叫按钮		
I1.1	8 号站呼叫按钮		
I1.2	9 号站呼叫按钮		

开关量输入(DI)		开关量输出(DO)	
地址	说　明	地址	说　明
I1.3	10 号站呼叫按钮		
I1.4	11 号站呼叫按钮		
I1.5	12 号站呼叫按钮		
I1.6	1 号站行程开关		
I1.7	2 号站行程开关		
I2.0	3 号站行程开关		
I2.1	4 号站行程开关		
I2.2	5 号站行程开关		
I2.3	6 号站行程开关		
I2.4	7 号站行程开关		
I2.5	8 号站行程开关		
I2.6	9 号站行程开关		
I2.7	10 号站行程开关		
I3.0	11 号站行程开关		
I3.1	12 号站行程开关		

部分内部继电器变量地址分配如表 4.8 所示。

表 4.8　部分内部继电器变量地址分配

地址	说　明	地址	说　明
M0.0	运料车停止运行	M1.0	8 号站呼叫作业
M0.1	1 号站呼叫作业	M1.1	9 号站呼叫作业
M0.2	2 号站呼叫作业	M1.2	10 号站呼叫作业
M0.3	3 号站呼叫作业	M1.3	11 号站呼叫作业
M0.4	4 号站呼叫作业	M1.4	12 号站呼叫作业
M0.5	5 号站呼叫作业	M1.5	车位置编码 > 呼叫站编码
M0.6	6 号站呼叫作业	M1.6	车位置编码 = 呼叫站编码
M0.7	7 号站呼叫作业	M1.7	车位置编码 < 呼叫站编码

3. 控制系统软件设计

(1) 控制程序流程。流程开始，首先按下启动按钮，判断运料车是否有故障，如果有故障，则停止运行；如果没有故障，则进入运行状态，并将当前位置编号保存；若有呼叫按钮按下，则比较当前位置与呼叫位置，确定运料车的运行方向并到达相应位置。控制程序流程如图 4.14 所示。

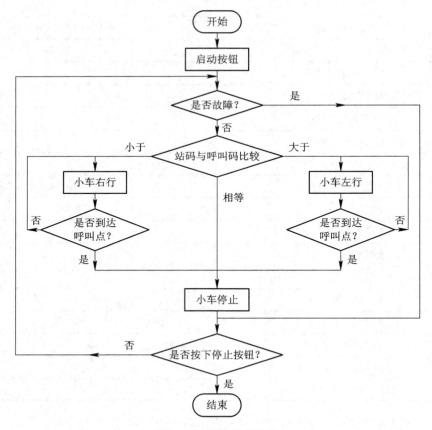

图 4.14　控制程序流程

(2) 编写用户程序。控制程序可划分为运料车启动与停止控制、呼叫按钮控制、行程
开关控制、运行方向控制、故障判别控制等几部分功能。其中，运料车运行方向控制梯形
图程序如图 4.15 和图 4.16 所示。

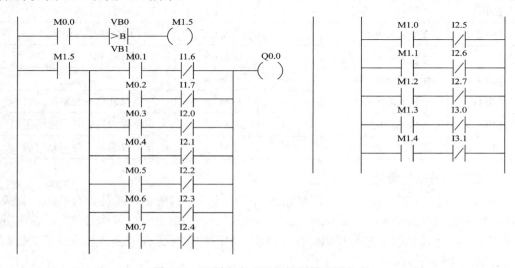

图 4.15　运料车向右运行控制梯形图程序

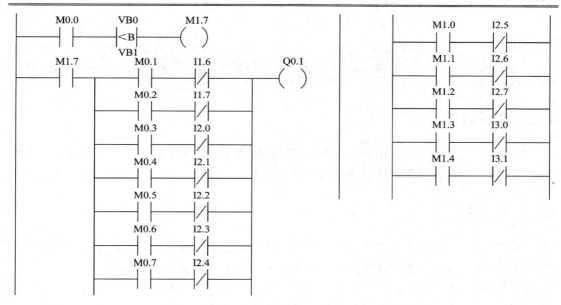

图 4.16 运料车向左运行控制梯形图程序

4. 上位机组态设计

采用 PC 机或触摸屏作为监控上位机，利用组态软件进行画面组态设计和功能组态设计，实现工艺过程的启/停操作和设备状态的显示、记录、报警灯功能。其中，触摸屏主界面如图 4.17 所示。

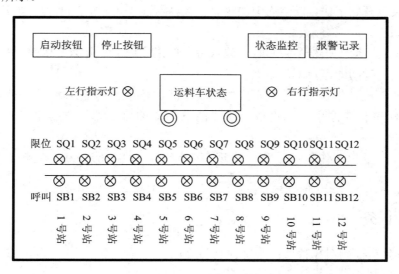

图 4.17 触摸屏主界面

5. 控制系统调试

(1) 先离线初步调试，再进行在线联机调试；

(2) 在线联机调试时，先在手动状态下进行调试，然后再进行自动控制调试；

(3) 发现问题及时修正，直到满足控制要求；

(4) 若不具备现场实物调试条件，可离线采用模拟设备调试或仿真调试。

4.4　血液融浆机自动控制系统设计

4.4.1　设计背景

血站或医院血库中的备用血，都保存在低温状态下，在输血前需要加温融化，并达到合适的温度，而血液融浆机就是实现该功能的设备。

4.4.2　控制要求

血浆融化时，需要用 37℃的温水，控制过程包括进水、加热、解冻、排水、清洗等环节，整个操作过程均在触摸屏上进行，并显示相关数据、状态、报警等。

(1) 进水。进水操作分为自动和手动两种方式，由进水电磁阀控制；进水液位分为水位 1、水位 2、水位 3、水位 4，共四个位置，水位 1 是放水结束位置，水位 2 是开始加热位置，水位 3 是停止加水位置，水位 4 是水溢出位置。自动方式时，若水位达到水位 3 位置，则停止加水；手动方式时，若水位超过水位 4 位置，则启动排水泵，使液位降至水位 3 位置时就停泵。

(2) 加热。当进水水位达到水位 2 位置，且水温低于 36.6℃时，加热器开始工作，同时池水循环泵也开始工作，以便均匀加热。当水温超过 37℃时，立即停止加热，这个过程自动进行。

(3) 解冻。当水温加热至 37℃时，放入待融血浆，按下"解冻"按键，则解冻泵开始工作，到达设定时间即停止解冻泵。

(4) 排水清洗。解冻完毕，按下"清洗"键，执行"进水—清洗—排水"过程 2 次。清洗过程中若要停止，则再按一次"清洗"键即可。若池中有水，则先排水，再执行清洗。

(5) 报警。正常工作程序结束，出现声音提示。水温超过 39℃则超温报警，并停止加热。

4.4.3　设计任务

(1) 认真分析控制对象特性，确定控制措施；
(2) 依据控制要求，设计总体控制方案；
(3) 选型 PLC，并进行合理配置和 I/O 编址；
(4) 绘制控制系统图，主要是电气原理图和 PLC 外围接线图；
(5) 编写用户控制程序；
(6) 调试系统，实现控制要求；
(7) 编写设计说明书。

4.4.4　设计指导

1. 系统总体方案

根据对血液融浆机控制过程和控制要求的分析，设计总体控制方案，如图 4.18 所示。

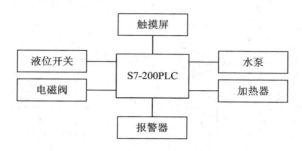

图 4.18　总体控制方案

2. 控制系统硬件设计

(1) PLC 选型与配置。融浆机控制过程中，PLC 的开关量输入点有液位传感器的水位 1、水位 2、水位 3、水位 4，共 4 个；开关量输出点有进水电磁阀、排水泵、加热循环泵、解冻泵、结束提示、超温报警、加热器等，共计 7 个；模拟量输入点 1 个，是水温信号，其他的操作控制点均在触摸屏上实施。考虑 10%～15% 的余量，选择 CPU224XP 型本机即可满足要求，因为 CPU224XP 自带 14 点开关量输入，10 点开关量输出，还有 2 点模拟量输入和 1 点模拟量输出。

(2) I/O 地址分配。PLC 的 I/O 点编址如表 4.9 和表 4.10 所示。

表 4.9　开关量 I/O 编址

开关量输入(DI)		开关量输出(DO)	
地址	说　明	地址	说　明
I0.0	水位 1	Q0.0	进水电磁阀
I0.1	水位 2	Q0.1	排水泵
I0.2	水位 3	Q0.2	加热循环泵
I0.3	水位 4	Q0.3	解冻泵
		Q0.4	结束提示
		Q0.5	超温报警
		Q0.6	加热器

表 4.10　模拟量 I/O 编址

模拟量输入(AI)		模拟量输出(AO)	
地址	说　明	地址	说　明
AIW0	水温		

3. 控制系统软件设计

血液融浆机的 PLC 程序，可分为手动进水、自动进水、排水、加热温度控制以及清洗等。部分控制程序的流程如图 4.19～图 4.23 所示。

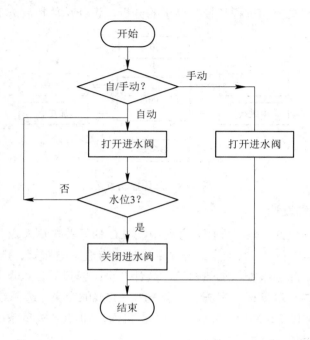

图 4.19　进水控制程序流程

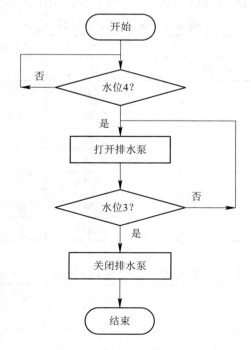

图 4.20　溢水控制程序流程

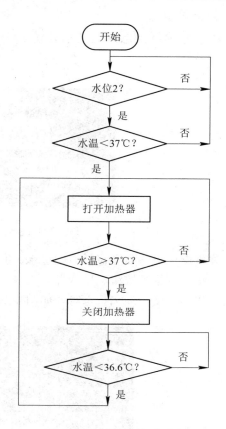

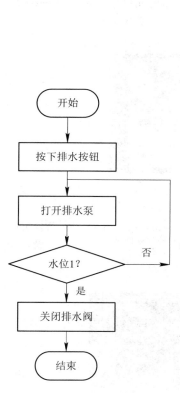

图 4.21　排水控制程序流程

图 4.22　加热控制程序流程

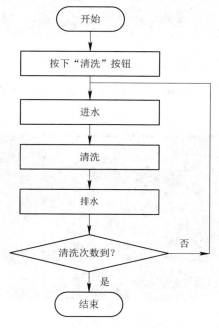

图 4.23　清洗控制程序流程

4. 触摸屏组态

开机时触摸屏组态画面显示公司名、产品名、日期、时间、进入系统，如图 4.24 所示。

图 4.24　开机界面

融浆机操作组态界面包括自动进水、手动进水、解冻启动(停止)、排水启动(停止)、参数调整、状态复位等按钮，显示当前缺水、溢水还是满水，显示解冻运行、解冻结束、解冻时间、实际温度、加热状态等，如图 4.25 所示。

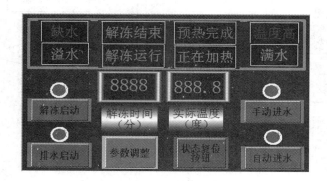

图 4.25　融浆机操作组态界面

清洗组态界面包括自动清洗、排水启动、状态复位、参数调整、融浆界面等按钮，显示清洗时间及清洗状态，如图 4.26 所示。

图 4.26　清洗组态界面

5. 运行调试

(1) 先离线初步调试，再进行在线联机调试；

(2) 发现问题及时修正，直到满足控制要求；

(3) 不具备现场调试条件时，也可使用模拟式输入/输出设备进行功能调试，或进行仿真调试。

4.5　校园路灯分时分区自动控制系统设计

4.5.1　设计背景

大学校园中路灯的照明控制方式，常用的有以下三种：

(1) 光照控制方式，根据光照智能控制开关，白天灯灭，晚上灯亮；

(2) 手动控制方式，根据不同时间段手动控制开关灯；

(3) 分时段控制方式，按校园人流量来分段照明，夜晚在人多的路段亮灯，人少的路就不亮灯。

利用 PLC 控制技术设计校园路灯照明分时分区自动控制系统，根据学生的生活规律，实施不同时段不同区域的照明，合理安排灯亮灯灭，从而达到优化管理、节能降耗的目的。

4.5.2　控制要求

(1) 针对学生的生活作息规律，观察夜晚学生们在校园道路、花坛、公园和景观等户外活动情况，实行分时分区自动控制。

(2) 由于不同的季节昼夜变化不一样，设计为春、冬和夏、秋两种组合形式。

(3) 寒暑假期间，较少有学生留校，只开启部分景观灯和部分道路照明。

(4) 考虑到 PLC 控制的可靠性和维护的方便性，要有手动控制功能。

根据学生生活规律与季节特点，分时控制方案如表 4.11 所示。

表 4.11　分时控制方案

季 节	时 段	措 施 说 明
春天与冬天 (夜长昼短) 11.1—4.30	18:00—21:00	学生活动多，室外照明全开
	21:00—23:00	学生活动少，室外照明开 1/2，景观灯 22 点后全关
	23:00—6:00	深夜无学生活动，只开 1/4 路灯
夏天与秋天 (夜短昼长) 5.1—10.31	19:00—21:00	学生活动多，室外照明全开
	21:00—23:00	学生活动少，室外照明开 1/2，景观灯 22 点后全关
	23:00—5:00	深夜无学生活动，只开 1/4 路灯
节假日	寒假 暑假	根据需要，临时或少量开启； 路灯每天只开 1/4，满足最低照明要求

4.5.3　设计任务

(1) 根据工艺分析，明确控制方案；
(2) 选型 PLC，进行模块配置；
(3) 分配 I/O 地址；
(4) 设计控制系统图，包括照明供电系统图、PLC 外围接线图；
(5) 编写 PLC 控制程序，采用经验法和顺控法两套方案分别编写；
(6) 程序调试，实现工艺要求控制功能；
(7) 编写设计说明书。

4.5.4　设计指导

1. 总体方案设计

根据校园道路、照明灯分布等情况，结合学生活动规律对照明的要求，以及不同季节日照的特点，设计总体控制方案，如图 4.27 所示。

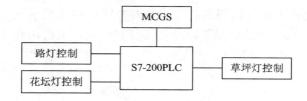

图 4.27　总体控制方案结构

控制系统由 PLC、接触器、照明灯、开关等构成，通过编程分时段控制程序，控制照明设备在各自时段工作。

2. 控制系统硬件设计

(1) PLC 选型与配置。PLC 的选型以满足控制系统功能需要为目的，依据控制要求，系统只需要 8 个点的开关量输出，其他操作在触摸屏上实施。因此，选择 CPU224 型 PLC(CPU224 本机自带 14 点开关量输入和 10 点开关量输出，还有 RS-485 通信口连接触摸屏)能满足控制要求。

(2) I/O 编址。根据编程需要，合理分配开关量 I/O 地址，如表 4.12 所示。

表 4.12　开关量 I/O 地址

开关量输入(DI)		开关量输出(DO)	
地址	说　明	地址	说　明
		Q0.0	1#～2#草坪
		Q0.1	3#～4#草坪
		Q0.2	1#～2#花坛
		Q0.3	3#～4#花坛

开关量输入(DI)		开关量输出(DO)	
地址	说　明	地址	说　明
		Q0.4	右侧单数灯
		Q0.5	右侧双数灯
		Q0.6	左侧单数灯
		Q0.7	左侧双数灯

(3) 硬件电路。图 4.28 为供电系统控制电路图，图 4.29 为 PLC 外围电路接线图。

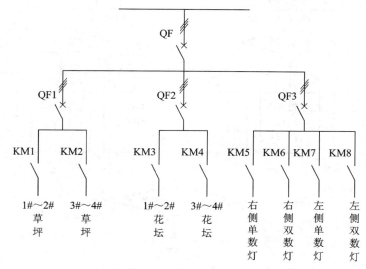

图 4.28　供电系统控制电路

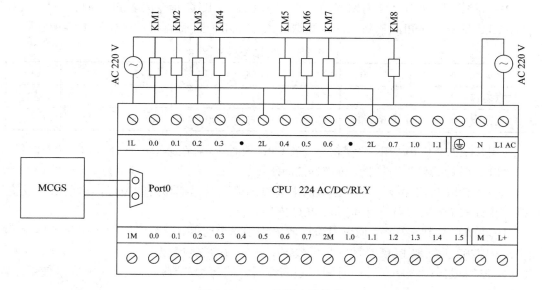

图 4.29　PLC 外围电路接线

3. 控制系统软件设计

(1) 控制程序流程。编写程序时，首先对时间进行季节判别，然后再判断各时间段，从而进行区域控制。校园路灯照明控制系统程序流程如图 4.30 所示。

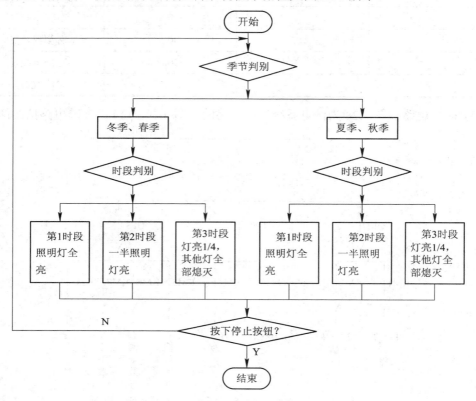

图 4.30　校园路灯照明控制系统程序流程

(2) 时钟设置。CPU224 有内置的时钟，可用 Read_RTC 指令读取 PLC 时钟信号，也可用 Set_RTC 指令设置 PLC 时钟。时钟数据格式为 BCD 码，数据缓冲区如表 4.13 所示。

表 4.13　数 据 缓 冲 区

地址偏移	T	T+1	T+2	T+3	T+4	T+5	T+6	T+7
数据内容	年	月	日	时	分	秒	0	星期
数据范围	00~99	01~12	01~31	00~23	00~59	00~59	0	0~7

使用 STEP7-Micro/WIN 编程软件设置 CPU 的时钟，可在菜单中选择"PLC-实时时钟"，打开"PLC 时钟操作"对话框，如图 4.31 所示。

单击"读取 PC"按钮，将 PC 机的当前时间读取至日期和时间窗口，再单击"设置"按钮，将读取 PC 机的当前时间写入 PLC 内部时钟。

(3) 季节自动判别程序。通过月份比较来判别季节时间，季节判别程序如图 4.32 所示。图中，VW202 为读取 PLC 时钟的月份数据经转化后的整数数据。

(4) 三时段控制程序。时段时间程序的编写方法与季节判别方法基本相同，使用比较指令即可实现。

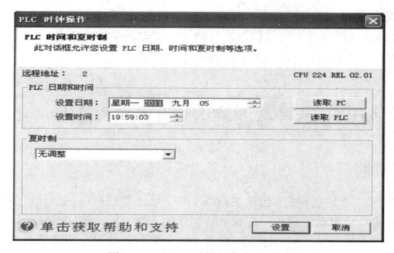

图 4.31　"PLC 时钟操作"对话框

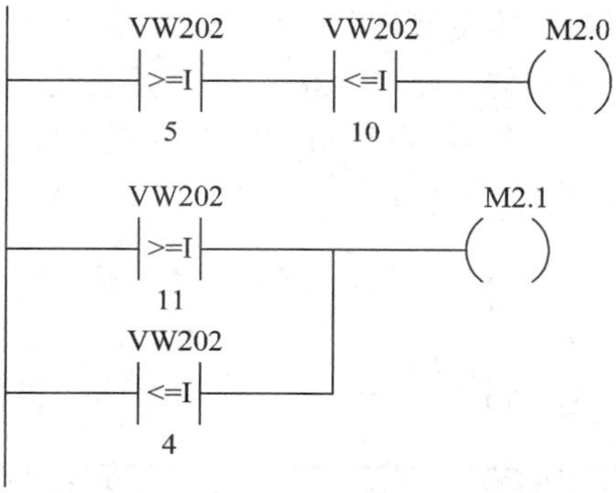

图 4.32　季节判别程序

4. 触摸屏组态设计

触摸屏用于校园路灯的运行状态操作与监控，路灯监控主界面如图 4.33 所示。

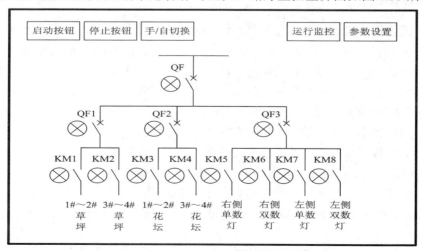

图 4.33　路灯监控主界面

5. 控制系统调试

(1) 按照调试规程进行，发现问题及时修正，直到满足控制要求。

(2) 控制系统调试也可采用模拟负载或进行仿真调试。

4.6　三段传送带流水线自动控制系统设计

4.6.1　设计背景

传送带系统常用于生产线上传送物料或工件。该工艺过程由三节传送带依次连接，每节传送带分别由一台电动机驱动；在每节传送带的末端有一个光敏传感器，用来检测和统计工件；在第一节传送带处的传感器，可用于统计零件的数目。传送带系统的每节传送带上，当传感器检测到工件时，将移走该工件，并通知下一节传送带准备接收；若是最后一节传送带，就直接移走该工件。检测到零件已经移走后，若是第一节传送带则加载新的工件，若不是，则准备接收上一节传送带移来的工件，并启动传送带。三节传送带的传感器编号依次为传感 1、传感 2、传感 3，电动机的编号为电机 1、电机 2、电机 3。传送带系统如图 4.34 所示。

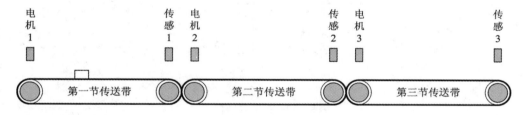

图 4.34　传送带系统

4.6.2　控制要求

控制系统的每节传送带，都是按照同样的流程进行工作的，控制要求如下：

(1) 当传送带为空时，通过发出"准备加载"信号(准备加载)，请求加载工件。当发出"启动"信号后，传送带启动并且传送工件。在传送带的末端，传感器检测到工件，则传送带驱动断电，并且发出"准备移走"信号。当发出"继续"信号后，工件进一步传送，直到"末端"(传送带终点)传感器检测不到它们。

(2) 为了统计工件的个数和对传送带控制系统进行监控，系统设置工件计数功能，可利用传送带上的传感器对经过的工件进行计数。

(3) 计算工件通过传感器需要的时间，和在传送带系统的工作过程中传感器检测不到零件的时间，若其中一个超时，则说明系统出现了故障。

(4) 为保证系统正常运行，需要对控制系统进行监控，包括运行状态、正常启停车、紧急停车等。

总之，该控制系统的控制任务有传送带控制、零件计数、传送带系统监视、正常停车和紧急停车。

4.6.3　设计任务

(1) 根据工艺分析和控制要求，明确控制方案；

(2) 选型 PLC，进行模块配置；

(3) 分配 I/O 地址；

(4) 设计控制系统图；

(5) 编写 PLC 控制程序；

(6) 程序调试，实现工艺要求控制功能；

(7) 编写设计说明书。

4.6.4　设计指导

1. 控制系统总体方案

根据控制要求，设计控制系统总体方案如图 4.35 所示。

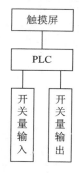

图 4.35　控制系统总体方案

2. 控制系统硬件设计

(1) PLC 选型与配置。根据对工艺过程的分析，计算得 PLC 开关量输入 15 点、开关量输出 7 点、无模拟量信号，再考虑适当余量，选型 CPU224 主机，外加一块 8 点输入的 EM221 扩展模块，即可满足控制要求。

(2) I/O 地址分配。开关量 I/O 编址如表 4.14 所示。

表 4.14　开关量 I/O 编址

开关量输入(DI)		开关量输出(DO)	
地址	说　明	地址	说　明
I0.0	手动启动电机按钮	Q0.0	准备加载零件
I0.1	手动停止电机按钮	Q0.1	准备移走零件
I0.2	系统启停	Q0.2	零件计数到设定值
I0.3	自动/手动切换	Q0.3	系统出错报告

开关量输入(DI)		开关量输出(DO)	
地址	说　　明	地址	说　　明
I0.4	准备移走零件响应	Q0.4	传送带电机 1
I0.5	计数器复位	Q0.5	传送带电机 2
I0.6	控制器复位	Q0.6	传送带电机 3
I0.7	紧急停车		
I1.0	传送带传感器 1		
I1.1	传送带传感器 2		
I1.2	传送带传感器 3		
I1.3	传送下一批零件		
I1.4	传送带电机 1 保护		
I1.5	传送带电机 2 保护		
I1.6	传送带电机 3 保护		

(3) PLC 硬件接线。PLC 的外围电路接线如图 4.36 所示。

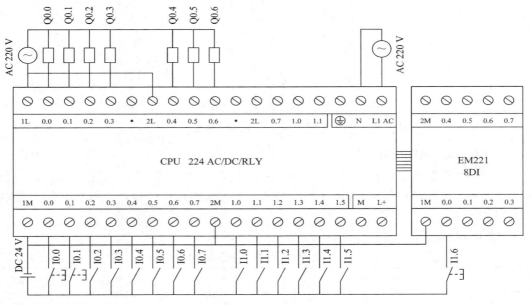

图 4.36　PLC 的外围电路接线

3. 控制系统软件设计

此处只写出传送带控制程序流程，如图 4.37 所示。

4. 监控组态设计

使用组态王等上位机组态软件设计监控界面，其中的运行状态监控界面如图 4.38 所示。

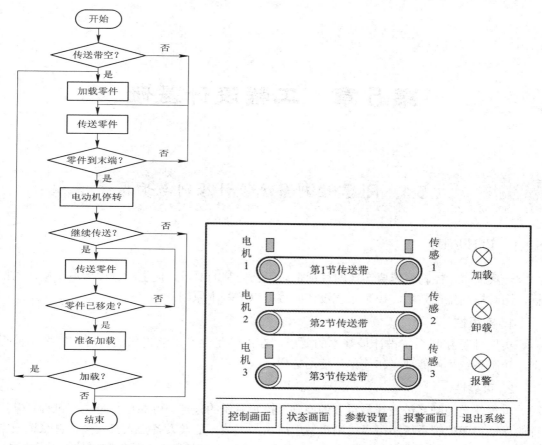

图 4.37　传送带控制程序流程　　　　　　　　　图 4.38　运行状态监控界面

5. 系统调试

(1) PLC 程序离线调试。调试 PLC 程序时，将程序分解成若干个功能模块，然后针对每个功能模块进行调试。可以使用 STEP 7-Mirco/WIN 中的状态表功能来监视程序的运行，检查是否能完成控制要求。

(2) 现场调试。经过离线调试过程后，该系统的软件错误、硬件故障和逻辑问题已基本排除，剩下的工作只需要到现场进行安装和调试。但在现场调试过程中会暴露不可预料的硬件和软件问题。这时应冷静分析找到解决办法，直到系统完全符合要求。

第 5 章　工程设计基础

5.1　PLC 控制系统设计原则与步骤

5.1.1　设计原则

一般而言，控制系统要实现的目标是对工艺控制的要求，使生产过程满足质量技术指标，同时提高生产效率。控制系统设计应遵循以下基本原则：

1. 实用性

实用性是控制系统设计最基本的要求。在能满足生产工艺提出的各项控制要求前提下，控制系统尽可能使操作简单，使用方便。

2. 可靠性

可靠性是控制系统设计最重要的原则。控制系统的稳定、可靠运行是生产过程正常进行的保证；而控制系统不可靠，则极易造成生产事故，危及设备与人身安全，甚至造成重大损失。为此，控制系统规划时，应充分考虑可能出现的问题，在硬件和软件上做好可靠、安全、稳定的充分准备。

3. 经济性

控制系统在满足实用性和可靠性的前提下，尽可能价廉物美，硬件选型应经济、适用，软件开发功能应简洁，能用简单方案解决的问题，不去复杂化，不盲目追求自动化、高指标。

4. 可扩展性

在进行控制系统总体规划时，应充分考虑可能的产能扩展与工艺改进等事项，在 CPU 能力与 I/O 端口上留有适当余量。

5. 可维护性

控制系统设计要便于维护。硬件选型通用，维修、维护简单；软件编程简洁，识读、修改方便。

5.1.2　设计步骤

在进行控制系统设计时应遵循一定的流程，控制系统设计流程如图 5.1 所示。

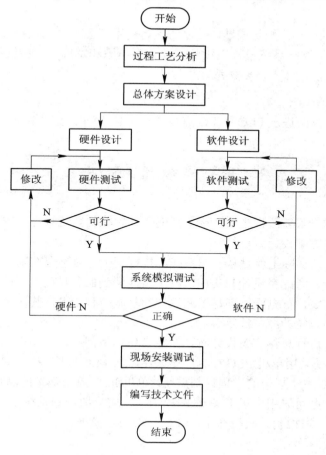

图 5.1　控制系统设计流程

5.2　被控对象工艺分析

1. 分析被控对象

认真分析被控对象的工作原理，了解工作特性，熟悉工艺流程，对设备、介质、参数等做好记录，写出工艺生产对控制系统实现功能和指标的要求。

2. 画出工艺流程

根据对控制对象的分析，画出直观、简洁的工艺流程图。

3. 确定被控制点

确定被控制点，找出在工艺上需要控制的点(参数)，明确这些点的参数要求，并对应标注在流程图中。

4. 明确控制措施

对于被控参数(或点)，分析控制措施，确定合理的控制参数(或点)，并绘制带控制点的工艺流程图。

对于第 3、4 项，若已知是成熟的控制工艺，就用工艺指定的被控参数(或点)和控制参数(或点)即可，只是控制系统设计工程师需要认真熟悉和掌握。有些被控参数与控制参数需要构成控制回路，设计人员要熟悉。

5. 计算输入/输出点

对于分析所获得的进出 PLC 的 I/O 点数进行汇总，确定控制规模。

5.3　控制系统总体方案设计

熟悉了被控对象工艺流程之后，接下来就要开始控制系统设计。控制系统设计包括总体方案设计和具体方案设计。

总体方案设计，实际上就是从控制系统结构框架上，对整个控制系统方案的可行性进行论证，全面分析、考虑在设计与实施过程中可能遇到的各种问题，确定可行方案。

设计的总体方案，首先要能满足工艺生产的基本控制要求，其次是确保控制系统的可靠性，然后是控制系统的经济性等事项。

一般来说，在进行总体方案设计时，需要考虑以下问题：

(1) 确定系统是采用单机 PLC 控制还是采用多机 PLC 联网控制，是采用远程 I/O 还是本地 I/O。对于一般中小规模的过程控制系统，单机 PLC 控制基本能满足要求。若对安全、可靠性要求较高，则可采用多机 PLC 联网控制，构成分散控制系统。

(2) 是否通信。在控制系统设计中，PLC 是否与触摸屏、上位机或其他单元设备通信，这要根据用户的要求而定。

(3) 是否冗余备份。根据系统所要求的安全等级，选择不同的办法。在数据归档时，可使用 OS 服务器冗余；对于自动化站，可使用控制器冗余备份系统。

5.4　控制系统硬件设计

5.4.1　传感器或变送器选型

传感器或变送器的作用是把被控量的状态或变量值进行及时、准确地传送。选型时要根据工艺要求和现场环境确定其检测状态、量程范围、测量精度、接口类型以及可靠性等。

5.4.2　执行器选型

执行器的种类也很多，不同的工艺要求，其类型也不同。就使用能源来说，主要分为电动、气动、液动等。选型时要根据工艺要求和现场环境确定能源形式、执行状态、输出范围、工作特性、接口类型、可靠性等。

5.4.3 PLC 选型与模块配置

1. PLC 容量估算

PLC 的容量包含 I/O 点数量和用户存储器容量两个方面。

(1) I/O 点数计算。对控制对象工艺分析获得的测控点进行汇总，包括 DI/DO 和 AI/AO 点，并确定这些点的电源性质。确定的 I/O 点数应留有适当余量，一般情况下，按实际点数的 10%～20%预留。

(2) 用户存储器容量计算。用户程序存储容量受内存利用率、DI/DO 点数、AI/AO 点数以及用户程序编写等因素影响，根据经验公式，总存储字节数 = (DI 数 + DO 数) × 10 + (AI 数 + AO 数) × 150，然后再考虑 25%的余量。

2. PLC 机型选择

由于 PLC 的广泛使用，PLC 产品的种类较多，虽然不同产品的基本功能相似，但其结构形式、性能指标、容量大小、编程指令、编程方法、价格等各不相同，应用领域也各有侧重。因此，合理选择 PLC 机型也很重要。

PLC 机型选择的基本原则是，在满足工艺对控制要求前提下，选择可靠性高、使用维护便捷、性价比最优的机型。

(1) 性能与任务相适应。对于仅有开关量控制的应用系统，一般选用小型 PLC 就能满足要求，如 SIEMENS 的 S7-200 系列、OMRON 的 CPM1/CPM2 系列、三菱的 FX2N 系列等。

对于以开关量控制为主，带有少量模拟量控制的应用系统，应选择运算功能较强、带模拟量模块的小型 PLC，如 SIEMENS 的 S7-200/S7-1200 系列、OMRON 的 CQM1/CQM1H 系列等。

对于控制比较复杂、点数较多、规模较大、控制功能要求较高的应用系统，如实现多闭环 PID 控制、通信联网等功能时，可选用中、大型 PLC。例如 SIEMENS 的 S7-300/S7-400/S7-1500 系列、OMRON 的 C200H/C1000H 系列、三菱的 QnA 系列、A-B 的 Control Logix 系列等。

(2) 满足实时控制要求。对于一般的工业控制过程，PLC 运行处理的响应时间都能满足要求。但对于实时性要求较高的应用场合，应选用 CPU 运行速度比较快的 PLC，或使用快速响应模块和中断输入模块。

(3) 机型尽可能统一。对于同一个企业，控制系统设计中，PLC 机型的统一有很多优点：
① 模块可互为备用，有利于备件的采购与管理；
② 使用功能及编程方法统一，有利于技术培训、技术水平以及后续功能的开发；
③ 其外部设备通用，资源可共享；
④ 在用上位计算机监控时，可构成分布式监控系统。

(4) 联网通信功能的要求。随着工厂自动化的迅速发展，测控设备大部分都具有通信功能，PLC 作为控制系统中的主要环节，为了便于数据的传输，提高通信联网能力，应根据需要选择通信方式。

3. PLC 模块配置

确定 PLC 的输入/输出点数、存储器容量及 PLC 机型(产品)之后，然后进行 PLC 模块配置。

(1) CPU 模块选择。CPU 模块的选择一般要考虑通讯端口类型、运算速度、特殊功能(如高速计数、中断等)、存储器(卡)容量、采样周期、响应速度等技术指标。

(2) DI 模块选择。开关量输入模块选择主要考虑以下两个方面:

① 工作电压等级选择:这主要根据现场检测元件到模块间的距离确定,距离较远时,采用较高工作电压的模块以提高可靠性,如 AC 220 V;距离较近时,选择电压等级较低的模块,如 DC 24 V。

② 模块的点密度:这要根据现场测控点的集中情况和动作时间来选择。集中处输入点尽可能集中排列,便于接线调试。对于高密度点输入模块,如 32 点和 64 点模块,允许同时接通的点数取决于公共汇流点的允许电流和环境温度,一般情况下,同时接通点数不宜超过模块总点数的 60%,以确保 I/O 点承载能力在允许范围内。

(3) DO 模块选择。

① 输出方式选择。继电器输出使用电压范围宽,导通压降小,承受瞬时过压或过流能力较强,具有隔离作用。但它是有触点元件,动作速度较慢,寿命较短,适用于动作不频繁的交流、直流负载。当驱动感性负载时,通断频率一般不超过 1 Hz。

晶闸管输出和晶体管输出都是无触点开关输出,开关频率高、使用寿命长。晶闸管输出可用于通断交流负载,晶体管输出可用于通断直流负载,这些都能满足较高频通断要求。

② 输出电流选择。负载的电流不能超过模块的输出电流,当负载电流超过模块输出电流时,需加中间放大环节。对于容性负载等,考虑到冲击电流,应留有足够电流余量。同时接通点数,也不宜大于同一公共端点数的 60%。

(4) AI 模块选择。模拟量输入信号有电压和电流两种形式,在选用时,一定要与现场的检测信号范围一致。由于电压信号传输极易引入干扰,所以尽量采用电流信号输入,标准电流信号是 0~20 mA(或 4~20 mA)。

(5) AO 模块选择。模拟量输出信号也有电压和电流两种形式,在选用时,一定要与现场的执行器信号范围一致。标准电流信号是 0~20 mA。

4. 电源模块选择

电源模块需要满足 PLC 控制系统配置模块的供电需求。在进行选择时,电源模块提供的电流必须大于配置模块所消耗电流的总和。

5.4.4　I/O 地址分配

I/O 信号在 PLC 接线端子上的位置(地址)分配是进行控制系统设计的基础,有了 I/O 地址才能绘制电气原理图、电气接线图和电器布置图,才能进行控制柜的设计与外围接线;有了 I/O 地址才能进行控制程序的编写。

I/O 地址分配以表格形式分类列写,详细注明 I/O 点的名称、代码和地址。

5.4.5　输出点保护

断开感性负载时,容易产生较高的感应电压,有必要考虑对 PLC 内部器件的保护。

1. 直流晶体管输出

负载为大电感负载或频繁通断的感性负载，可使用普通二极管或齐纳二极管进行保护，如图 5.2 和图 5.3 所示。

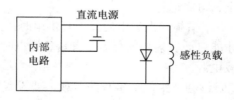

图 5.2 普通二极管保护

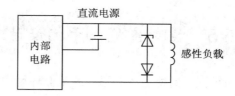

图 5.3 齐纳二极管保护

2. 继电器输出控制直流负载

电阻-电容网络用于低压(30 V)直流继电器电路中，与负载并接，起到保护作用，如图 5.4 所示。若改为齐纳二极管，则阈值电压应大于 36 V。

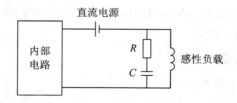

图 5.4 继电器输出驱动直流负载跨接电阻-电容网络保护

3. 继电器与晶闸管输出控制交流负载

当使用继电器或晶闸管输出控制 AC 115 V / AC 239 V 交流负载时，应当在输出端并接电阻-电容网络，如图 5.5 所示。可以使用 MOV 限制峰值电压，但 MOV 的工作电压比电路的峰值电压至少高出 20%。

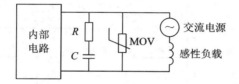

图 5.5 继电器或交流输出跨接电阻-电容网络保护

5.4.6 安全回路

安全回路是为保护负载或控制对象，防止操作错误或控制失败而设计的联锁控制回路。

安全回路通常从以下几个方面考虑：

(1) 短路保护。通过在 PLC 的外部输出回路中安装熔断器，进行短路保护。

(2) 联锁措施。除了在程序中实施电路的联锁外，还应在 PLC 外部接线中采取硬件联锁措施，确保控制系统安全、可靠运行。

(3) 失电压保护与紧急停车措施。当失电后又恢复供电时，PLC 的外部负载不能自行起动，只有按下起动按钮才能启动。某些场合需要有紧急停机时，需要设置急停按钮，按下急停按钮就可以切断负载电源。

(4) 极限保护。对于超限位会产生危险事故的负载，要设置极限保护措施。极限保护一旦触发，直接切断负载电源。

5.5 控制系统抗干扰设计

PLC 本身的抗干扰能力很强，当处于状况恶劣的工业环境中或者外围接线不当等，都可能引入干扰。

5.5.1 电源抗干扰设计

由于电网覆盖面广，电网的负载设备多种多样，由其引入的干扰也以多种形式体现，如开关操作浪涌、大型电力设备起停的电压波动、交直流传动装置引起的谐波、电网短路暂态冲击等，都会通过输电线路传到电源中，严重时会造成故障，因此，需要对 PLC 控制系统的供电电源采取抗干扰设计。

1. 使用隔离变压器供电

采用隔离变压器供电系统如图 5.6 所示。将 PLC 电源、I/O 电源、其他用电设备电源分别进行隔离，通过这样的隔离，既降低了电网干扰，又分散了故障的影响范围。如当其他设备存在供电故障时，不会影响到 PLC 的供电。

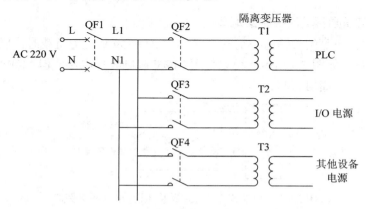

图 5.6 隔离变压器供电系统

2. 使用 UPS 供电

UPS 是指不间断供电电源，PLC 采用 UPS 供电系统如图 5.7 所示。

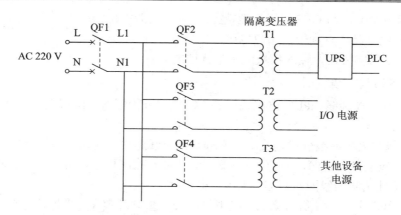

图 5.7　采用 UPS 供电系统

正常供电情况下，UPS 处于输入充电状态，当断电时，UPS 自动切换为输出状态，能继续给用电设备提供一定时间的供电。另外，UPS 还具有较强的抗干扰隔离性能，是 PLC 供电系统的理想电源。

3. 硬件滤波

在干扰比较强，可靠性要求比较高的场合，PLC 供电应采用带屏蔽层的隔离变压器，也可在隔离变压器一次侧加装滤波器，如图 5.8 所示。

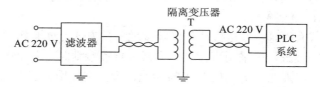

图 5.8　滤波器与隔离变压器用于电源抗干扰

为了提高隔离变压器的抗扰效果，设计时还应注意以下问题：
(1) 滤波器与 PLC 之间采用双绞线，可抑制串模干扰；
(2) 隔离变压器一次侧与二次侧分开；
(3) 隔离变压器屏蔽层良好接地；
(4) PLC 电源、I/O 电源、其他设备电源要分开。

4. 电源接地

正确选择接地点，接地良好。

5.5.2　I/O 抗干扰设计

I/O 接口引入的干扰直接影响到信号的状态与精度，严重时会导致回路器件损坏。克服 I/O 干扰，可考虑以下措施：

1. 选择合适的 I/O 模块

(1) 带隔离的模块比不带隔离的模块抗扰性能好；
(2) 无触点模块比有触点模块抗扰性能好；

(3) 门槛电平(ON 与 OFF 电平之差)越大，抗干扰能力越强；

(4) OFF 电平高，有利于抗感应电压；

(5) 输入信号响应慢，输入模块的抗干扰性能好。

2. 合理安装与布线

(1) 动力线、控制线、PLC 电源线以及 I/O 线应分别配线，隔离变压器与 PLC 和 I/O 之间采用双绞线连接；

(2) I/O 线与大功率线分槽走线，如必须在同一线槽内，可用金属隔板隔开；

(3) PLC 应远离干扰源，不与高压电器安装在同一控制柜中，远离动力线(200 m 以上)，柜内大功率感性负载的线圈两端应并接 RC 电路；

(4) 信号线输入与输出分开敷设，模拟量与开关量分开敷设，模拟信号线采用屏蔽线，屏蔽层一端接地；

(5) 交流输出与直流输出不用同一根电缆，输出线远离高压线与动力线；

(6) 正确选择接地点，完善接地系统。

5.5.3　控制系统接地

接地设计有两个目的，一是消除各路电流流经公共地线阻抗所产生的噪声电压；二是避免磁场与电位差的影响，使其不形成地环路。良好的接地是抑制噪声干扰和电压冲击，保证 PLC 可靠工作的重要条件。

系统的接地方式有浮地、直接接地和电容接地三种方式。对于 PLC 控制系统而言，它属于高速低电平控制装置，应采用直接接地方式。直接接地时，要集中一点接地或串联一点接地，不能采用多点接地，并且 PLC 应与其他设备分别使用自己的接地装置。接地方式如图 5.9 所示。

图 5.9　接地方式

接地点应尽可能靠近 PLC，一般使用 0.3～0.5 mm² 的接地线；接地线尽可能短，一般不超过 20 m。

5.6　控制柜与电气控制图

控制柜用于隔离生产环境与控制器，其尺寸大小应根据现场安装位置和空间大小而定，在空间允许的情况下，宜采用标准柜，便于操作维护。

电气控制图主要包括电气原理图、电气原件布置图和电气安装接线图。绘图时，根据国家电气制图标准，用规定的图形符号、文字符号以及规定的画法绘制。

5.7 控制系统软件设计

软件设计是 PLC 控制系统设计的核心，应用系统的控制效果如何，与编写的程序直接相关。

5.7.1 软件设计原则

控制软件的设计应遵循以下原则：

(1) 正确性。正确性体现在能够实现工艺控制要求，不出现人为错误。

(2) 可靠性。可靠性体现在具有事故报警和联锁保护功能；对不同的工作设备和不同的工作状态实现互锁，防止误操作；对于干扰信号能进行滤波和校正，消除干扰。

(3) 可调整性。可调整性体现在程序设计宜采用模块化方式，便于程序的修改、扩容与调整。

(4) 可读性。可读性体现在语句简单，条件清晰，容易理解，具有注释。

5.7.2 软件设计内容

PLC 用户软件设计是指根据硬件配置和工艺要求，使用编程语言编写用户控制程序和形成相应文件的过程。主要内容包括：确定程序结构；定义 I/O、中间标志、定时器、数据区等参数表；编写程序；编写控制程序说明书。触摸屏或上位机组态等也属于软件设计的内容。

5.7.3 软件设计流程

PLC 用户程序设计流程如图 5.10 所示。

1. 软件总体设计

划分生产工艺中各设备的操作内容和操作顺序，明确控制方法，确定程序结构。对于较复杂系统，可按物理位置或控制功能进行分区控制，必要时需画出系统控制程序流程图。

2. 定义 I/O 等参数表

参数表定义包括 I/O 变量、中间标志、定时器、计数器、数据区等，主要是便于程序编写和识读。

在程序编写之前，首先依据 PLC 的 I/O 电气原理图定义 I/O 变量表，并明确编号、地址及注释，尽可能详细。

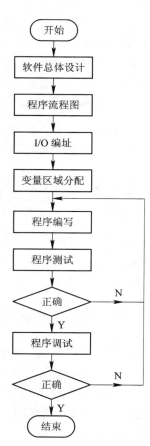

图 5.10 PLC 用户程序设计流程

其他变量的定义，在编程开始之前难以确定，一般是在编程过程中随时用随时定义，也要做好注释。程序编制完成后，统一进行整理归档。

数据区域资源分配中，中间标志以及数据区等划分要做好规划，防止出现重叠现象。

3. 编写用户程序

以上准备工作结束后，就开始编写用户控制程序。

PLC 的编程方法有多种，如经验法、逻辑法、顺控功能图法等，具体使用哪种方法，因人因控制对象而异。

经验法对于一些简单的控制系统、典型环节或典型系统的设计比较有效，程序段功能清晰简洁，易于识读。这种方法主要依靠设计人员的经验进行编程。

顺控功能图法，首先画出工艺流程控制的顺序功能图，然后根据顺序功能图编写程序。这种编程方法，尤其在机械加工行业获得了广泛应用。

编写程序过程中，要及时对编写的程序进行注释，包括对程序段功能、逻辑关系、信号的来源与去向、设计思想等进行说明，方便程序的阅读、修改与调试。

4. 程序测试

程序测试是软件设计中的重要环节，通过程序测试，发现不足、修改问题、完善功能，初步检查程序的运行效果。

程序测试时，先从各功能单元入手，给定输入信号，观察信号变化对系统的作用。各功能单元测试完毕后，再连通全部程序，测试各单元的接口情况，直到满足控制要求为止。程序的测试可在实验室进行，也可以在现场实施。在现场进行程序测试时，一定要注意 PLC 与现场的信号隔离，避免引起事故。

5. 编写程序说明书

程序说明书是整个程序内容的综合性说明文档，内容一般包括程序设计依据、程序的基本结构、各功能单元的分析、算法与原理、参数来源、运算过程以及程序测试情况等。

5.8　控制系统调试与运行

系统调试是控制系统投入运行之前的必要步骤，一般分为四步，即应用程序离线调试、控制系统硬件检查、应用程序在线调试、现场调试。调试完毕，总结整理相关资料，系统就可以正式投入使用。

5.8.1　用户程序离线调试

用户程序离线调试，就是在用户程序编写完成后，对程序进行初步检查的过程。实际上，在用户程序的编写过程中，每编完一段控制程序，就可对照工艺过程和控制要求进行调试，认为控制逻辑和控制方法无误后，再进行下一段程序的编写，即随编随查。等全部编完之后，还应对照全部工艺反复进行检查，直到认为能满足工艺控制要求为止。

若条件允许，尤其是一些实现特殊控制功能的程序，尽可能进行模拟调试，即每编好一段功能控制程序，就将程序下载到 PLC 中，利用简易的输入/输出器件进行调试。

5.8.2　控制系统硬件检查

1. 硬件电路通电前检查

依据电气原理图、电器布置图和电气安装接线图，检查器件的安装位置是否正确，外观有无损坏，导线规格是否符合要求，接线是否正确、牢固、符合要求，保护电器的设定值是否正确等。

务必确认交流与直流之间、不同电压等级之间、电压两相之间、电压正负极之间不能误接。

2. 硬件电路通电检查

通电前检查完毕后，进行通电检查。通电检查的内容和步骤如下：

(1) 检查供电电源。接通电源总开关，检查各分路电源是否得电正常；再逐个接通分电源开关进行得电检查，检查 PLC 及稳压电源等的工作状态是否正常，发现问题立即断电，查找原因并进行修改。一切正常后进入下一步检查。

(2) 检查输入点。通过按钮、开关、短接线等逐一对输入的开关两点进行检查。

(3) 检查输出点。输出点检查较麻烦，可利用编程软件监控强制，观察相应输出点的通断状态。特别强调，要充分了解设备和控制系统功能，逐点强制，及时撤销，防止出现短路故障！

5.8.3　用户程序在线调试

前两项检查完毕后，即可进行在线调试。

用户程序在线调试指的是控制柜(台)的单机调试，即将模拟调试好的程序下载到 PLC中，使 PLC 进入工作运行状态，通过控制柜上的按钮、开关等的操作，检查电气设备的工作情况，看是否满足控制要求。

5.8.4　现场调试

现场调试的内容和步骤，根据控制系统规模的大小和控制方式的不同而有所差异，但大体与控制柜单机调试相似，可按通电前检查、通电检查、单机或分区调试、联机总调等步骤进行。

1. 通电前检查

(1) PLC 是否处于"STOP"位置；
(2) 控制柜与现场外围设备的连线是否正确；
(3) 操作开关等电器设备是否处于初始位置或状态；
(4) 多控制柜时，柜间动力线、信号线连接正确；
(5) 现场处于安全状态，不存在安全隐患。

2. 通电检查

(1) 检查供电电源。接通电源总开关，逐路接通主回路电源、控制回路电源等，每接通一路电源，首先停留一段时间，观察有无异常。若无异常，即进行下一路电源检查。

(2) 检查输入点。输入点检查时，需要有人员在现场，对照现场信号布置图，按照工艺流程或输入点编号地址，依次操作现场开关或检测开关，检查控制柜与现场的输入点对应状态。

(3) 输出点检查。一般是借助于一些操作开关再编制一段点动方式动作的调试程序，对照现场信号布置图，一人在现场观察，另一人在控制柜旁操作，依次检查全部输出点。输出点检查也可采用强制的方法。

3. 分区调试

为方便调试，可依据分控制柜所完成的控制功能、控制规模、工艺过程等，将一个复杂控制系统划分成多个功能区进行分别调试。

4. 联机总调

分区调试完毕，将各分区联系起来，实施联机总调。调试完毕，应进行现场试运行，经过一段时间试运行，才能确认程序的正确性与可靠性，才能正式投入使用。

5.9 整理和编写技术文件

技术文件包括设计说明书、硬件原理图、安装接线图、电气元件明细表、PLC 程序以及使用说明书等。

第6章 工 程 实 践

6.1 典 型 环 节

6.1.1 输出点通/断控制

1. 单按钮控制法

在输入点不足的情况下，为了节省输入点，可采用单按钮，通过编写程序实现对输出点的通/断。梯形图程序与时序图如图 6.1 所示。

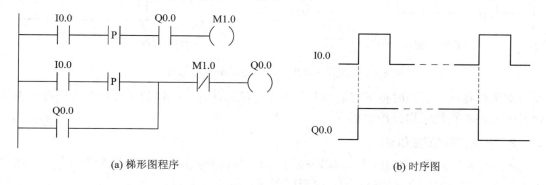

(a) 梯形图程序　　　　　　　　(b) 时序图

图 6.1　梯形图程序与时序图

I0.0 接常开点按钮 SB，Q0.0 为输出点。第一次按下 SB 时，由于辅助线圈 M1.0 未带电，它的常闭触点是通的，因此，线圈 Q0.0 带电接通并自锁保持；当再次按下 SB 时，由于 Q0.0 的常开触点已经闭合接通，则辅助线圈 M1.0 带电，其常闭触点断开，线圈 Q0.0 失电断开。

提示：这里用到了"边沿触发指令"，用上升沿触发指令"P"或用下降沿指令"N"的效果是相同的。输出点接通与断开动作的实现是在上升沿出现的一个周期之内完成。

2. 双按钮自锁控制法

常开点 I0.0 接常开式按钮 SB1，作为接通控制按钮；常闭点 I0.1 也接常开式按钮 SB2，作为断开按钮；Q0.0 为输出点。

(1) 断开优先。断开优先输出点通/断梯形图程序与时序图如图 6.2 所示。

对于该程序，若同时按下接通与断开按钮，断开优先。在控制电动机时，为确保安全，往往采用该控制程序。

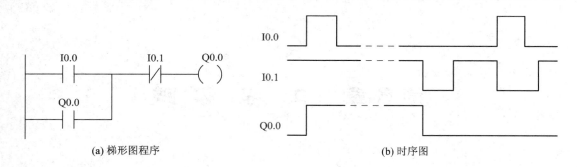

(a) 梯形图程序　　　　　　　　　　(b) 时序图

图 6.2　断开优先输出点通/断梯形图程序与时序

(2) 接通优先。接通优先输出点通/断梯形图程序与时序图如图 6.3 所示。

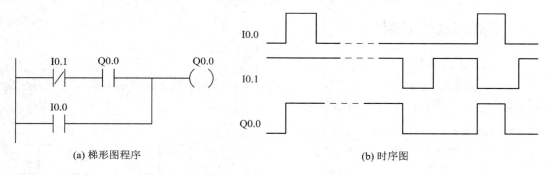

(a) 梯形图程序　　　　　　　　　　(b) 时序图

图 6.3　接通优先输出点通/断梯形图程序与时序图

对于该程序，若同时按下接通与断开按钮，接通优先。在消防水泵控制等场合，为确保及时无误，往往采用该控制程序。

3. 双按钮置位/复位法

I0.0 接常开式按钮 SB1，作为接通按钮；I0.1 接常开式按钮 SB2，作为断开按钮；Q0.0 为输出点。置位/复位法输出点通/断梯形图程序与时序图如图 6.4 所示。

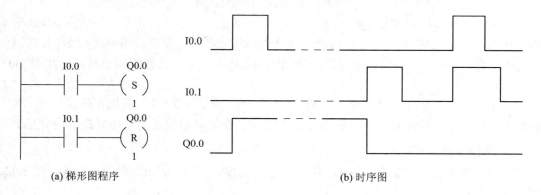

(a) 梯形图程序　　　　　　　　　　(b) 时序图

图 6.4　置位/复位法输出点通/断梯形图程序与时序图

对于该程序，若同时按下接通与断开按钮，断开优先。若要接通优先，其梯形图程序与时序图如图 6.5 所示。

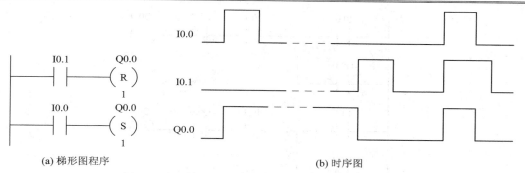

图 6.5 复位/置位法输出点通/断梯形图程序与时序图

也可以采用"设置主双稳态触发器(SR)(RS)"实现输出点的接通与断开,如图 6-6 和图 6-7 所示。

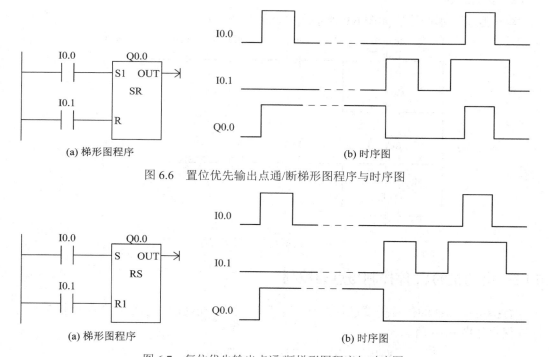

图 6.6 置位优先输出点通/断梯形图程序与时序图

图 6.7 复位优先输出点通/断梯形图程序与时序图

6.1.2 互锁控制

若要使输出点 Q0.0 与 Q0.1 不同时接通,可采用互锁控制措施。这里以单重互锁和双重互锁为例进行介绍。

常开点 I0.0 接常开式按钮 SB1,作为线圈 Q0.0 的接通按钮;常闭点 I0.1 接常开式按钮 SB2,作为线圈 Q0.0 的断开按钮;常开点 I0.2 接常开式按钮 SB3,作为线圈 Q0.1 的接通按钮;常闭点 I0.3 接常开式按钮 SB4,作为线圈 Q0.1 的断开按钮。

1. 单重互锁

单重互锁梯形图程序如图 6.8 所示。

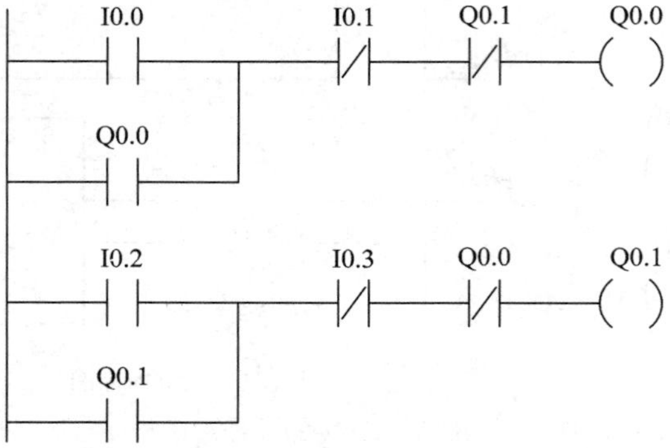

图 6.8　单重互锁梯形图程序

2. 双重互锁

双重互锁梯形图程序如图 6.9 所示。

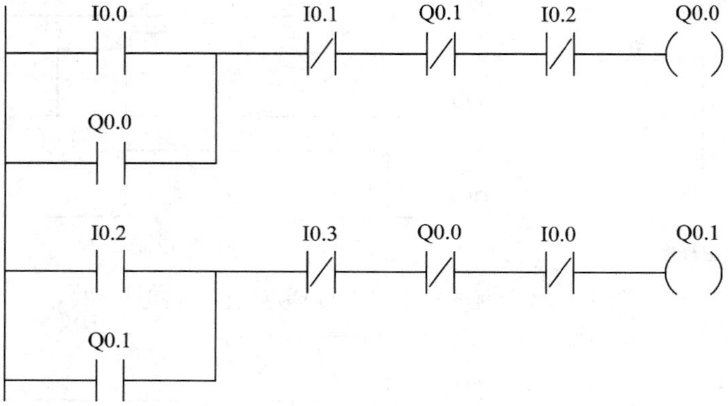

图 6.9　双重互锁梯形图程序

6.1.3　电动机的启/停控制与点动控制

有些运动部件的位置需要进行调整，这就会用到点动功能。电动机的启/停控制与点动控制程序如图 6.10 所示。

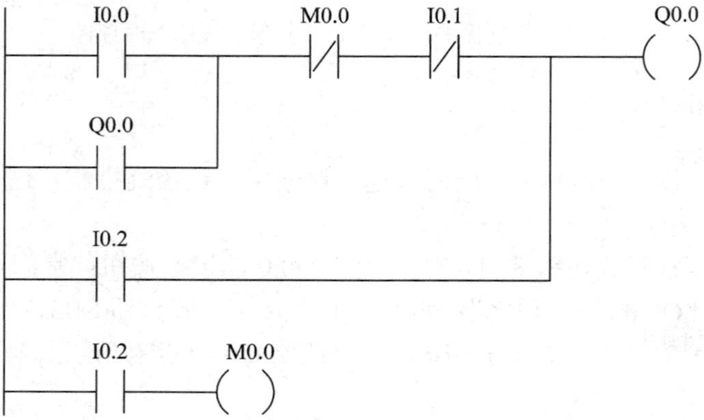

图 6.10　电动机的启/停控制与点动控制程序

图 6.10 中，I0.0 接启动常开式按钮，I0.1 接停止常开式按钮，I0.2 接点动用常开式控制按钮。点动时，该程序利用了 PLC 周期性扫描工作特性形成的，辅助线圈 M0.0 常闭点先断开与输出线圈 Q0.0 后带电的控制效果。

6.1.4　电动机的正/反转控制

电动机的正/反转控制，一般情况下需要三个输入点和两个输出点。交流电动机的正转与反转是要交换相序，而 PLC 在运行程序时，同一元件的常开点与常闭点没有时间上的延时，因此，必须采用防电源短路的方法。电动机正/反转控制程序如图 6.11 所示。

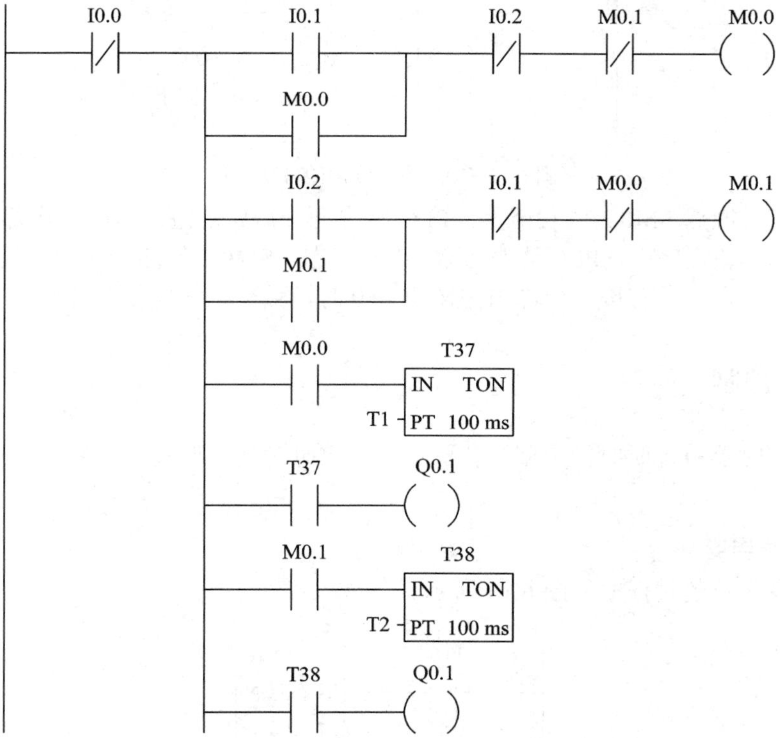

图 6.11　电动机正/反转控制程序

图中，I0.0 接停止常开式按钮，I0.1 接正转启动常开式按钮，I0.2 接反转启动常开式按钮，M0.0 为正转辅助线圈，M0.1 为反转辅助线圈，Q0.0 为正转线圈，Q0.1 为反转线圈，T37 为正转延时时间定时器，T38 为反转延时时间定时器，T1 与 T2 分别为正转与反转延时设定时间。

6.1.5　通电禁止输出

在生产过程中，如果遇到突然停电，再来电时，为了防止发生事故，有些设备是不允许立即运行的。这时，就需要设计通电禁止输出程序，如图 6.12 所示。

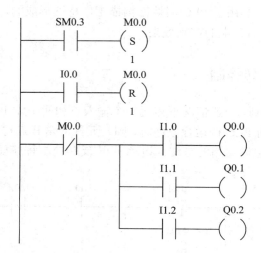

图 6.12　通电禁止输出控制程序

特殊寄存器触点 SM0.3 的功能是，PLC 从电源开启状态进入 RUN 模式时，ON 用于一个扫描周期。该程序中，PLC 通电进入 RUN 状态，SM0.3 接通一个扫描周期，使 M0.0 置位，切断输出点。只有按下允许工作按钮 I0.0 时，输出点才能正常使用。

6.1.6　时间控制

PLC 的定时器有定时时间上限，若要更长的定时时间，那就考虑多个定时器、计数器联合使用。

1. 定时器串联

定时器串联长延时程序如图 6.13 所示。

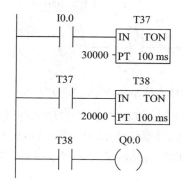

图 6.13　定时器串联长延时程序

当 I0.0 闭合后，经过定时时间 T37+T38 之后，线圈 Q0.0 得电。

2. 定时器与计数器串联

定时器与计数器串联定时控制程序如图 6.14 所示。

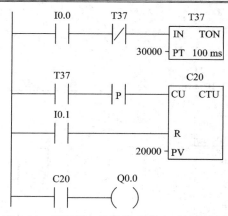

图 6.14　定时器与计数器串联定时控制程序

定时时间为 T37 时间与 C20 计数值之积。当 I0.0 闭合后，经过 T37×C20 时间的延时，线圈 Q0.0 得电；当 I0.1 闭合后，计数器清零停止工作，线圈 Q0.0 失电。

3. 计数器串联使用

由多个计数器串联，也可构成长时间计时。如图 6.15 所示为设备运行长时间计时程序。

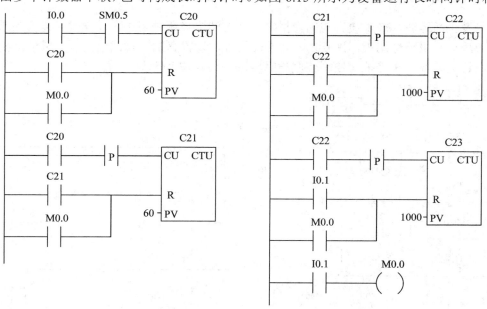

图 6.15　设备运行长时间计时程序

该程序使用了特殊寄存器 SM0.5，利用其每 1 s 产生一次脉冲的功能，与计数器联合使用，实现生产设备运行的长时间计时，时间存放格式以千小时、小时、分钟、秒为单位，通过计数器 C23、C22、C21、C20 记录下来。当 I0.0 闭合后，长定时程序开始工作；当 I0.1 闭合时，长定时时间清零。

6.1.7　闪烁电路

闪烁电路，实际就是一种时钟电路，可以等间隔通断，也可以不等间隔通断，程序如

图 6.16 所示。

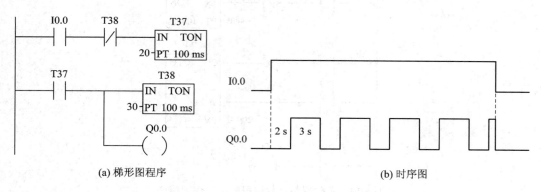

(a) 梯形图程序　　　　　　　　　　　　(b) 时序图

图 6.16　闪烁控制程序与时序图

　　I0.0 接启动开关,当 I0.0 闭合后,输出点 Q0.0 以通 3 s 断 2 s 的周期反复通断。如果 T37 与 T38 的设定时间相等,就等通断时间闪烁。当 I0.0 断开后,停止工作。

6.1.8　声光报警

　　当发生故障时,产生声音与闪光报警;通过消音按钮关闭声音,同时闪光变为常亮;排除故障后,报警灯熄灭,恢复初始状态。另外,设置有试铃与试灯按钮,用于检测报警灯与电铃的好坏。声光报警控制程序与时序图如图 6.17 所示。

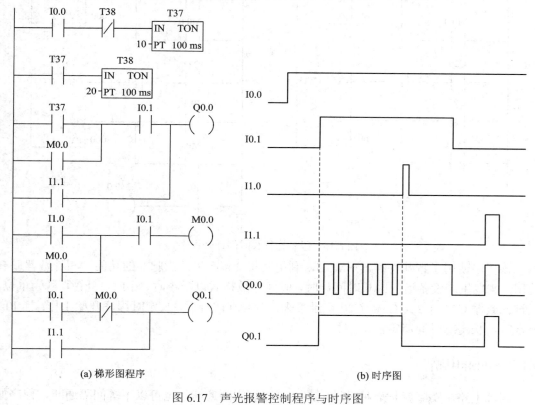

(a) 梯形图程序　　　　　　　　　　　　(b) 时序图

图 6.17　声光报警控制程序与时序图

图 6.17 中，I0.0 闭合时，启动声光报警。I0.1 为故障信号，I1.0 为消音按钮，I1.1 为试灯试铃按钮，Q0.0 为报警灯，Q0.1 为电铃。

6.2　模拟量输入信号工程量转换

6.2.1　项目要求

用一热电阻温度变送器测量温度，变送器的量程范围是 0～150℃，采用两线制接法，输出标准电流信号为 4～20 mA，从 AIW0 模拟量输入通道接入 PLC。要求将 AIW0 中的数据转换为℃单位工程量，并存放到 VD200 中。

6.2.2　实现程序

1. 全局变量编程实现法

如果变送器的电信号为 0～20 mA，接入 PLC 模拟量输入端后，输入映像寄存器 AIW0 中对应的数据为 0～32 000；若输入电流信号为 4～20 mA，则对应的数据为 6400～32 000；不同的输入信号，工程量转换的编程方式有所不同。

对于 4～20 mA 电流的输入信号，工程量转换表达式为

$$T = \frac{\text{AIW}0 - 6400}{32000 - 6400}(150 - 0) + 0$$

4～20 mA 电流输入信号工程量转换程序如图 6.18 所示。

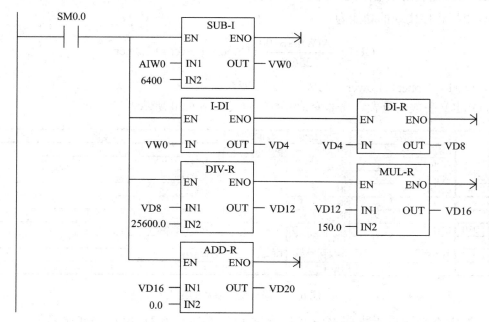

图 6.18　4～20 mA 电流输入信号工程量转换程序

对于 0～20 mA 电流的输入信号，工程量转换表达式为

$$T = \frac{\text{AIW0}}{32000}(150-0)+0$$

0～20 mA 电流输入信号工程量转换程序如图 6.19 所示。

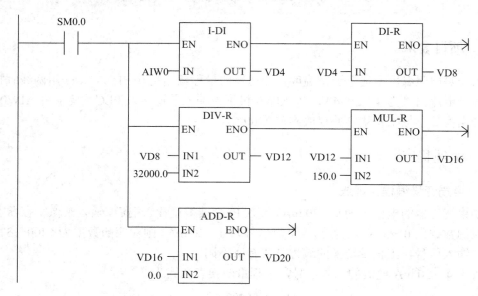

图 6.19　0～20 mA 电流输入信号工程量转换程序

2. 带参数调用子程序法

要求子程序实现的功能为

$$\text{OUT} = \frac{\text{AIWn}-6400}{25600}(\text{Upper}-\text{Lower})+\text{Lower}$$

式中，OUT、Upper、Lower、AIWn 都为参变量。

(1) 定义参数变量表。局部变量参数的定义如图 6.20 所示。

	符号	变量类型	数据类型	注释
	EN	IN	BOOL	
LW0	AIWn	IN	INT	整数输入
LD2	Upper	IN	REAL	仪表量程上限
LD6	Lower	IN	REAL	仪表量程下线
		IN		
		IN_OUT		
LD10	OUT	OUT	REAL	实测工程量输出
		OUT		
LD14	TEMP	TEMP	REAL	暂存数据
		TEMP		

图 6.20　局部变量参数的定义

(2) 带参数变量子程序。带参数变量子程序如图 6.21 所示，并命名为"工程量转换"。

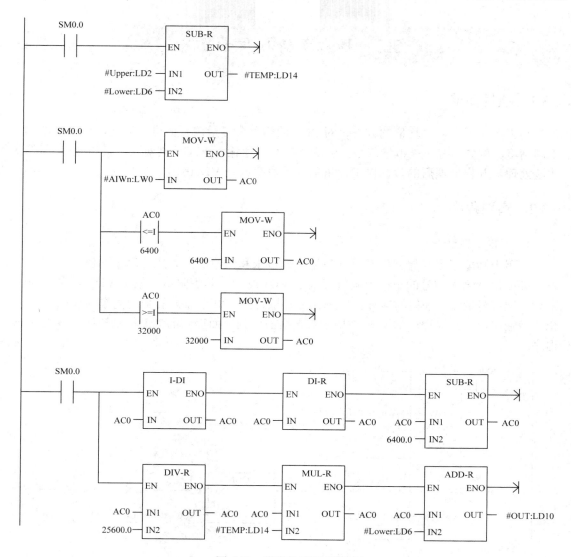

图 6.21 带参数变量子程序

(3) 主程序。主程序调用参变量子程序如图 6.22 所示。

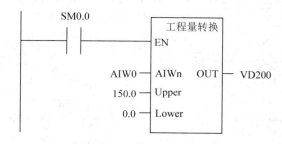

图 6.22 主程序调用参变量子程序

只要根据二线制变送器的测量信号，就能将其转换成相应的工程量值。

6.3　模拟量输入信号滤波

6.3.1　项目要求

利用多次采样取平均值的方法，对 PLC 的输入模拟量信号值进行滤波，以减小波动，提高精度。例如，有一模拟量信号，若从 AIW0 通道输入 PLC，则对这一模拟量信号进行滤波处理，并将处理后的数据以工程量单位数值存放到 VD200 中。

6.3.2　实现程序

1. 编程实例一

利用表功能指令存储并更新采样数据，通过求和做除法的方式计算平均值。

某模拟量输入信号的量程上限值存放于 VD100 中，其下限值存放于 VD104 中。每秒采集一次信号数据，采集的信号首先进行工程量转换，20 个数据的平均值作为模拟信号的滤波后输出值。计算程序如图 6.23 所示。这里需用到前面提到的"工程量转换"参变量子程序。

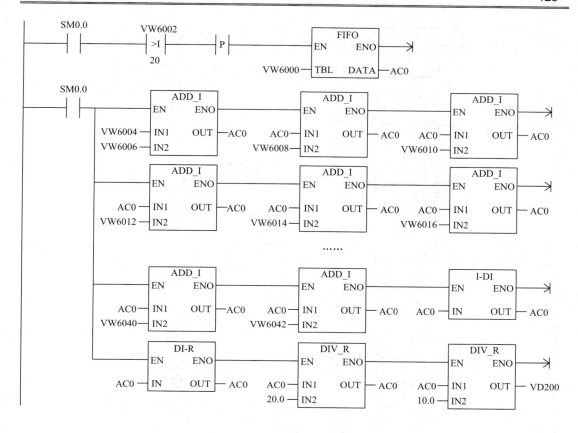

图 6.23　求和做除法计算平均值程序

网络 1：采集输入模拟量信号，并进行工程量转换。为了减小误差，先对转换后的工程量值扩大 10 倍，再转化为整数；

网络 2：建立能存放 21 个数据的表格，并清零；

网络 3：每秒钟采集一次数据，并填入表格中；

网络 4：使表格中始终保持存在 20 个最新有效数据；

网络 5：20 个数据求平均值后，再缩小 10 倍，恢复为实际的工程量。

若使用"FOR...NEXT"指令实现平均值计算，梯形图程序如图 6.24 所示。

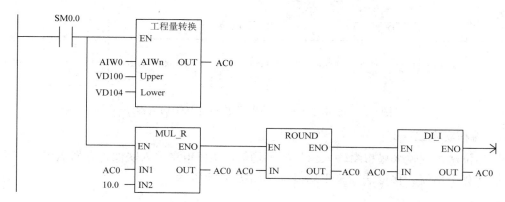

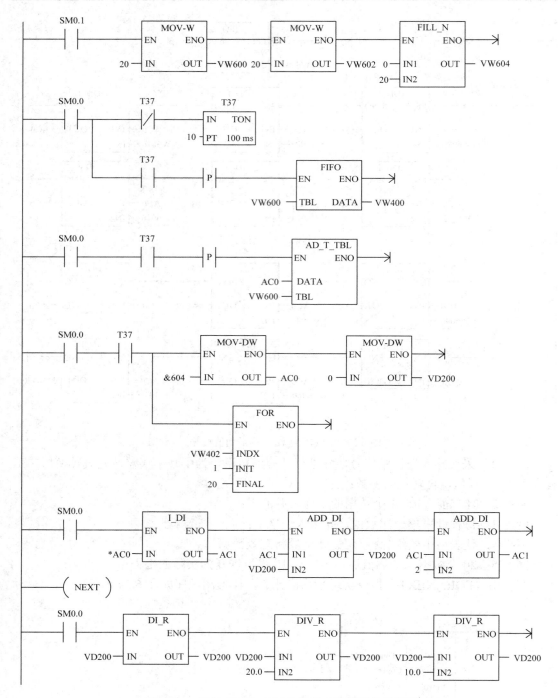

图 6.24　使用"FOR...NEXT"指令计算平均值程序

2. 编程实例二

用移位法求取输入模拟量输入信号的平均值。从模拟量输入映像寄存器 AIW0 中读取输入值计算平均值。移位法计算平均值程序如图 6.25 所示。

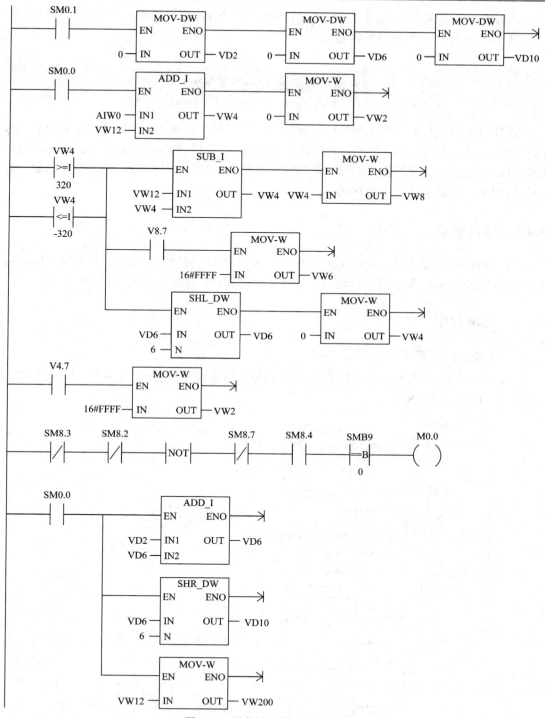

图 6.25 移位法计算平均值程序

网络 1：初始化清零；

网络 2：计算新值 AIW0 与平均值 VW12 之间的差值，并存于 VW4 中；

网络 3：如果新值与平均值相差较大，保存新的采样值；

网络 4：如果结果为负值，且与平均值的差值不在 −320～320 之间时，由标记位扩展差值；
网络 5、6：计算和输出平均值。

6.4　液体流量累计

液体流量仪表和流量变送器的瞬时流量值，常用单位是 m³/h、T/h、kg/h、m³/min 等。已知瞬时流量，若再测得其时间，就能利用瞬时流量与时间的乘积求得累计流量，但这种计算方法的前提是流量稳定。如果流量是波动变化的，则可以用脉冲瞬时流量来计算。脉冲周期越小，流量累计结果越精确。

6.4.1　项目要求

有一液体流量变送器，量程范围是 0～26 m³/h，输出信号为标准电流信号 4～20 mA，接入 AIW0 模拟量输入通道。对输入信号进行流量累计，结果存放到 VD200 中。

6.4.2　实现程序

1. 系统运行总累积量

(1) 利用 SM0.5 实现。利用特殊寄存器 SM0.5 的秒周期功能，以秒瞬时流量计算累计流量，程序如图 6.26 所示。

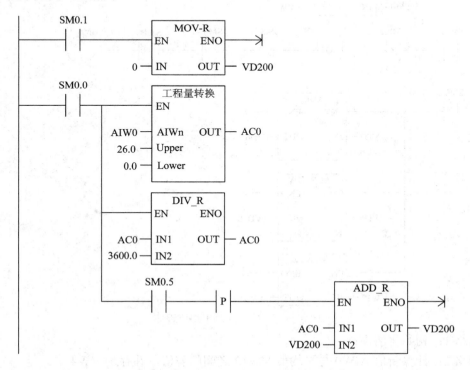

图 6.26　SM0.5 秒周期功能累计流量程序

网络 1：初始化清零；

网络 2：采集模拟量，转化为秒瞬时流量，然后计算秒累计总流量。

(2) 利用定时器。用定时器产生 1 s 周期脉冲信号，即可实现 SM0.5 的秒周期功能。若要获得更精确的累计流量，则利用定时器更短周期脉冲信号。以 100 ms 周期脉冲为例实现累计流量的程序如图 6.27 所示。

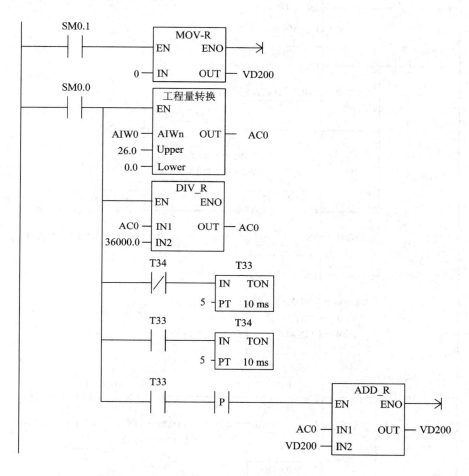

图 6.27 100 ms 周期脉冲流量累计程序

网络 1：初始化清零；

网络 2：采集模拟量转化为 100 ms 瞬时流量，定时产生每 100 ms 加一次瞬时流量值，计算累计总流量值。

2. 某段时间流量累计

利用表功能指令，计算最近 1 h 的累计流量。采样周期为 1 min，通过定义一个包括 60 个数据存储单元的表格，存放每分钟采样获得的最新流量值，对其进行累加即可。累计程序如图 6.28 所示，其中 VW0 为每分钟的流量值。

网络 1：表格初始化，定义包括 60 个元素的表格；

网络 2：用 T37 定义采样周期和累加时间；

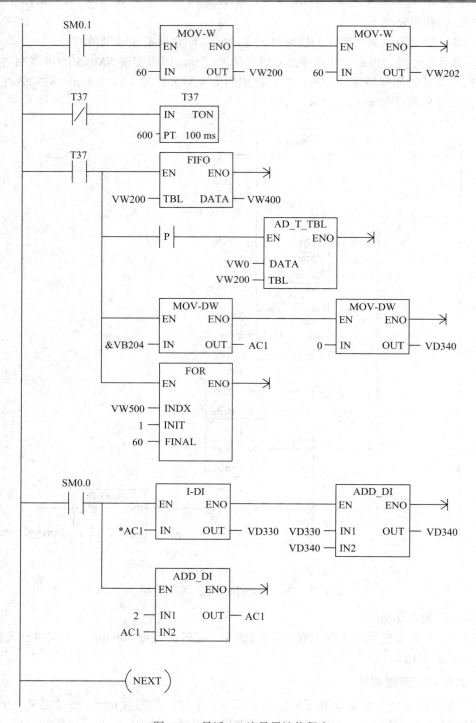

图 6.28　最近 1 h 流量累计值程序

网络 3：采用先入先出指令，将旧数据移出表格，添加新数据；

网络 4：将最近 60 个 1 min 的流量相加，得 1 h 的流量；

网络 5：完成累加任务。

6.5 向导生成 PID 子程序及调用

STEP7_Micro/WIN 编程软件提供了向导生成 PID 算法功能，最多可支持 8 个 PID 功能指令块，生成的 PID 功能块还可以带手动输出，使用非常方便。

6.5.1 项目要求

使用向导生成 PID 功能子程序，并在主程序中调用。

6.5.2 实现程序

1. PID 功能子程序生成

打开 STEP7_Micro/WIN 编程软件，在菜单栏中点击"工具(T)→指令向导(I)..."弹出如图 6.29 画面。

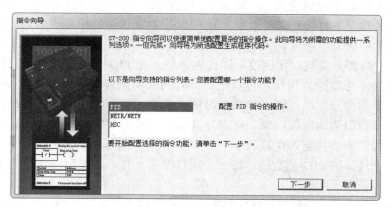

图 6.29 功能指令选项画面

选择"PID"后，点击"下一步"，弹出 PID 回路选择窗口，如图 6.30 所示。若选择"0"，即要生成编号为 PID0 的子程序。

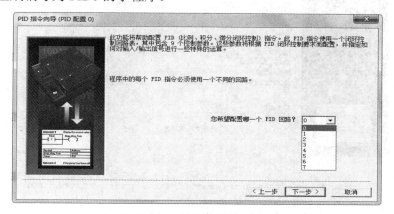

图 6.30 回路选择画面

再点击"下一步",弹出给定参数与 PID 参数设置窗口,如图 6.31 所示。

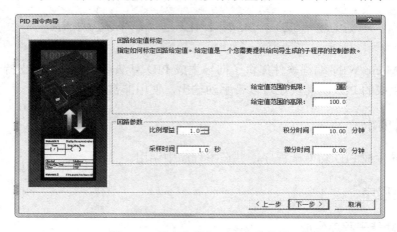

图 6.31　给定参数与 PID 参数设置

给定的默认值为 0.0～100.0,表示给定值的取值范围占参数测量量程的百分比,也可以使用实际的工程量单位数值表示,即这里的设定范围与实际的测量值范围是对应的。如输出 4～20 mA 的温度测量变送器量程为 0～160℃,则这里就可以设置为 0.0～160.0,也可以设置为 0.0～100.0。

PID 回路参数都是实数。比例度,即比例常数,在 PID 为反作用时,它的取值为负;积分时间,如果不想要积分作用,可以把积分时间设为无穷大,即设置为 9999.99;微分时间,如果不想要微分作用,可以把微分时间设为 0;采样时间,是 PID 控制回路对反馈采样和重新计算输出值的时间间隔。在向导完成后,若想要修改此数,则必须返回向导中修改,不可在程序中或状态表中修改。

注意:关于具体的 PID 参数值,每一个项目都不一样,需要现场调试来定,没有所谓的经验参数。

继续点击"下一步",弹出 PID 回路输入与回路输出选项设置窗口,如图 6.32 所示。

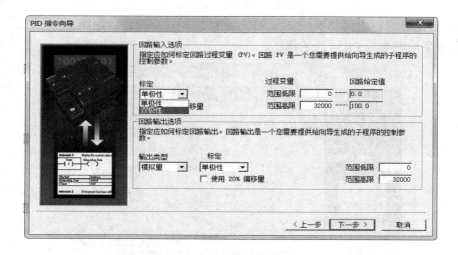

图 6.32　PID 回路输入与回路输出选项设置

在输入过程变量的设置中，设置为单极性时，缺省值为 0～32 000，对应输入量程范围为 0～10 V 或 0～20 mA 等，输入信号为正；设置为双极性时，缺省值为 −32 000～+32 000，对应的输入范围根据量程不同可以是 ±10 V、±5 V 等；选中 20%偏移量时，取值范围为 6400～32 000，不可改变。

在设定回路输出变量值的范围时，单极性 0～32 000 对应输出为 0～10 V 或 0～20 mA 等；双极性 −32 000～+32 000 对应输出为 ±10 V 或 ±5 V 等；如果选中 20%偏移，6400～32 000 对应输出为 4～20 mA。再点击"下一步"，弹出回路报警选项，如图 6.33 所示。

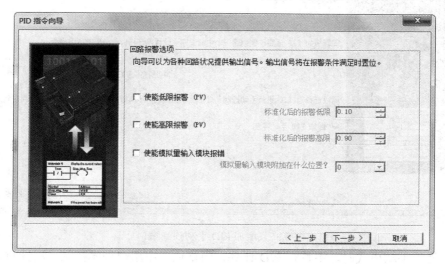

图 6.33 回路报警选项

向导提供了三个输出来反映过程值(PV)的低值报警、高值报警及过程值模拟量模块错误状态。当报警条件满足时，输出置位为 1。

继续点击"下一步"，弹出分配存储区窗口，如图 6.34 所示。

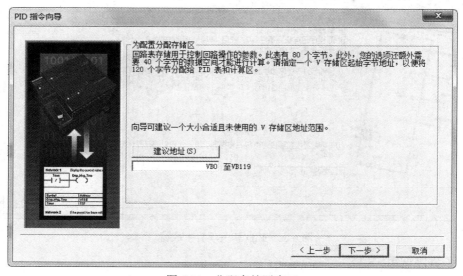

图 6.34 分配存储区窗口

要保证该地址起始的若干字节在程序的其他地方不被重复使用。继续点击"下一步"按钮,弹出初始化子程序、中断程序命名及"增加 PID 手动控制"窗口,如图 6.35 所示。

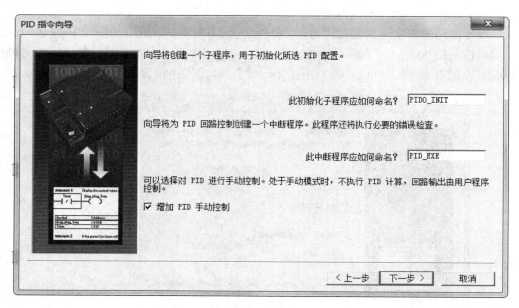

图 6.35　增加 PID 手动控制窗口

PID 处于手动模式时,不执行 PID 计算,回路输出由用户程序控制。继续点击"下一步",弹出 PID 相关项目生成窗口,如图 6.36 所示。点击"完成"按钮,即 PID 生成完毕。

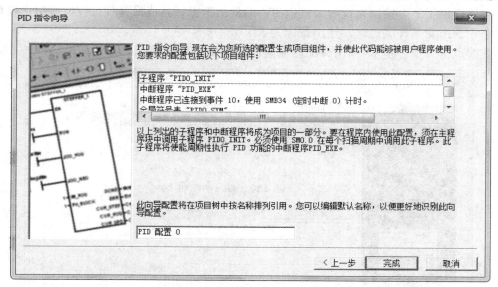

图 6.36　PID 相关项目生成窗口

2. 子程序调用

调用子程序时,必须用常通寄存器触点 SM0.0。向导生成的子程序及主程序调用如图

6.37 所示。图中的 PID0 子程序含有报警和手动输出；PID1 子程序含有手动输出，但不含报警；PID2 子程序不含报警也不含手动输出。

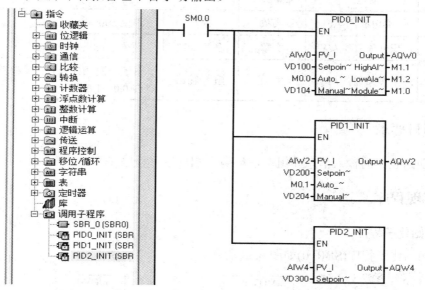

图 6.37 PID 子程序及主程序调用

手动输出 VD104、VD204 是 0.0～1.0 之间的实数，代表输出范围的 0%～100%。

工程项目需要在实际运行时调试和修改 PID 参数。调试参数时，可查看 Data Block(数据块)以及 Symbol Table(符号表)相应的 PID 符号标签的内容，找到包括 PID 核心指令所用的控制回路表，包括比例系数、积分时间等。将此表的地址复制到 StatusChart(状态表)中，可以在监控模式下在线修改 PID 参数，而不必停机再次组态，直到满意为止。

6.6 PID 回路指令编程

PID 回路指令是利用回路表中的输入信息和组态信息进行 PID 运算，有两个操作数，即 TBL 和 LOOP。TBL 是 36 个字节的回路表，LOOP 是从 0 开始的 8 个回路号。回路表格式如表 6.1 所示。

表 6.1 PID 回路表格式

偏移地址	变量名	数据类型	变量类型	说　明
0	过程变量 PV_n	实数	输入	必须在 0.0～1.0 之间
4	给定值 SP_n	实数	输入	必须在 0.0～1.0 之间
8	输出值 M_n	实数	输入/输出	必须在 0.0～1.0 之间
12	增益 K_c	实数	输入	比例系数，可正可负
16	采样时间 T_s	实数	输入	单位 s，必须为正
20	积分时间 T_I	实数	输入	单位 min，必须为正

偏移地址	变量名	数据类型	变量类型	说　明
24	微分时间 T_D	实数	输入	单位 min，必须为正
28	积分项前项 MX	实数	输入/输出	必须在 0.0～1.0 之间
32	过程变量前置 PV_{n-1}	实数	输入/输出	最近一次 PID 运算的过程变量值，必须在 0.0～1.0 之间

6.6.1　项目要求

运用回路表中的输入信息和组态信息编写 PID 运算程序。

6.6.2　实现程序

1. 初始化子程序

PID 初始化子程序(SBR_0)如图 6.38 所示。

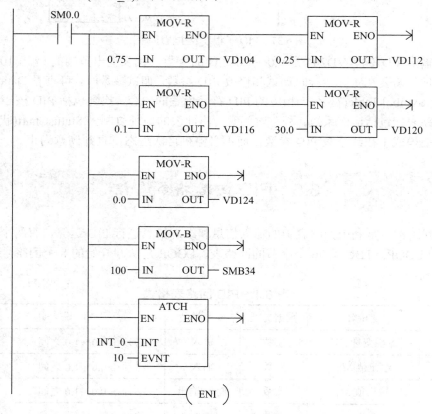

图 6.38　PID 初始化子程序(SBR_0)

2. 中断子程序

中断子程序如图 6.39 所示。VD100 为过程变量标准化值。

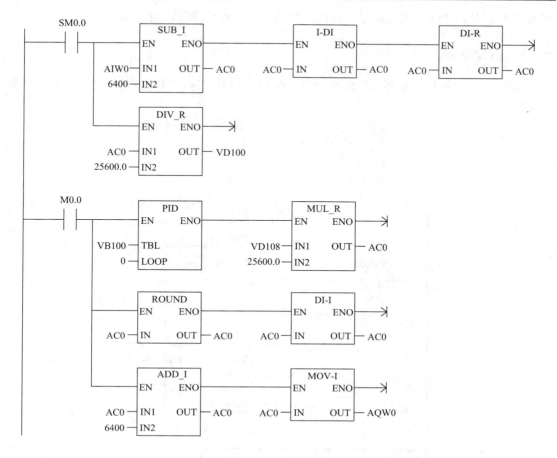

图 6.39　中断子程序

3. 主程序

PID 调用主程序如图 6.40 所示。

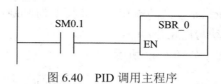

图 6.40　PID 调用主程序

6.7　PLC 间 Modbus RTU 主从站通信

西门子公司专门为 Modbus RTU 通信开发了指令库，很容易实现 Modbus RTU 主站与 Modbus RTU 从站之间的通信。

6.7.1　项目要求

有两块 S7-200CPU224XP，使用 pot0 端口，采用 Modbus 通信方式，主站 PLC1 发出

控制信号，从站 PLC2 接收信号，实现控制从站电动机启/停的功能。

6.7.2　程序实现

编程之前，要对主站和从站的库指令分配相应的数据区。发出控制信号的主站程序如图 6.41 所示。

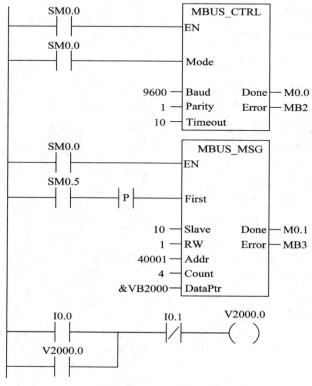

图 6.41　主站程序

初始化主站，定义 Modbus 模式、端口 0、波特率为 9600 b/s、超时时间 10；向地址为 10 的从站发送信息；启动与停止控制。

接收控制信号的从站程序如图 6.42 所示。

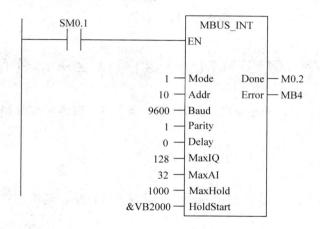

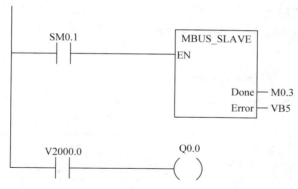

图 6.42 从站程序

初始化从站，Modbus 模式、地址为 10、波特率为 9600 b/s、接收起始地址为 VB2000；调用从站指令；接收启动与停止电动机信号。

6.8 S7-200 PLC 与 MM440 通信

6.8.1 项目要求

用 USS 通信协议，实现 S7-200CPU224 型 PLC 与变频器 MM440 的通信控制。

(1) 按下"启动按钮"，电机启动并以 20 Hz 运行；

(2) 电机运行后，按"速度设置按钮"进入速度设置状态，再通过"增速按钮"或"减速按钮"调节电机转速，"增速按钮"与"减速按钮"每按一次变化 2 Hz；

(3) 按"退出速度设置按钮"则退出速度设置状态；

(4) 按下"停止按钮"，电机停止运行。

6.8.2 实现程序

1. I/O 地址分配

PLC 的 I/O 地址分配如表 6.2 所示。

表 6.2 PLC 的 I/O 地址分配

开关量输入(DI)		开关量输出(DO)	
地址	说　明	地址	说　明
I0.0	启动按钮 SB1	Q0.0	交流接触器 KM
I0.1	停止按钮 SB2		
I0.2	速度设置按钮 SB3		
I0.3	增速按钮 SB4		
I0.4	减速按钮 SB5		
I0.5	退出速度设置按钮 SB6		

2. PLC 与变频器接线

PLC 与 MM440 连接示意图如图 6.43 所示。

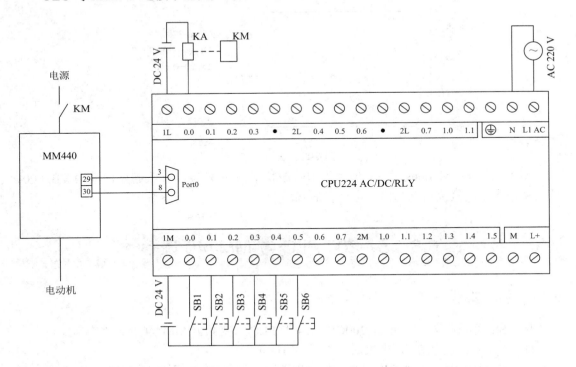

图 6.43　PLC 与 MM440 接线示意图

3. 变频器参数设置

通信前，首先对 MM440 进行参数设置，主要的设置参数如下：

P0010 = 30，P0970 = 1：恢复出厂默认值；

P0003 = 3：允许读、写所有参数；

P0304、P0305、P0307、P0310、P0311：设置电机额定电压、电流、功率、频率、转速；

P0700 = 5：命令源为远程控制方式；

P1000 = 5：设定源来自 RS485 的 USS 通信；

P2009 = 0：百分比频率设定值；

P2010[0] = 6：传输速率 9600 b/s；

P2011[0] = 0：变频器从站地址；

P2012[0] = 2：USS PZD 区长度为 2B；

P2014[0] = 0：串行链路超时时间；

P2000 = 50：默认基准频率；

P1120 = 3：斜坡上升时间；

P1121 = 3：斜坡下降时间；

P0971 = 1：参数保存。

4. 控制程序

PLC 与 MM440 的通信控制程序如图 6.44 所示。

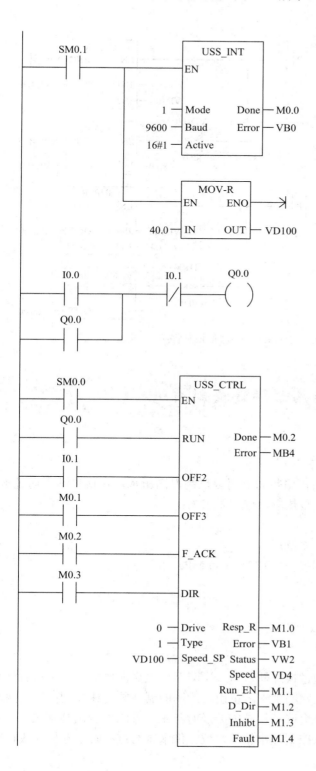

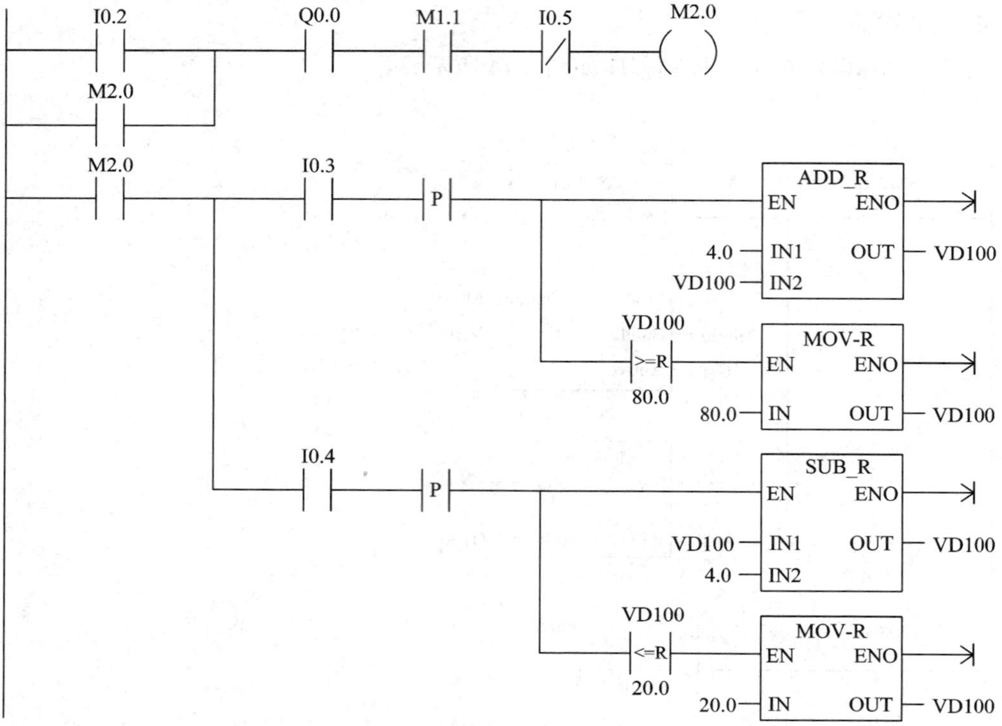

图 6.44　PLC 与 MM440 的通信控制程序

6.9　换热站供暖控制系统

6.9.1　控制要求

　　某生活小区建有冬季供暖换热站，由热力公司提供高温高压水，在换热站中通过水-水换热器交换热量，提供小区住户供暖热量，控制要求为：

(1) 换热器二次侧供水温度可调；

(2) 换热器二次侧出水压力(供水流量)可调；

(3) 换热器二次侧管网回水压力稳定在 0.32～0.35 MPa；

(4) 现场用触摸屏操作；

(5) 远程用上位机监控。

6.9.2　工艺分析

　　一次网供水是高温高压热水，通过换热器，与二次网循环水交换热量；二次网的供水温度由一次网的供水流量调节，二次网的供水流量由二次网的循环泵转速控制；二次网若存在漏水现象，则二次网回水压力就会降低，就需要及时补水，补水多少由补水泵控制；补水箱要有足够量的水，利用进水阀控制补水箱的水位；供水压力过高时，容易导致管线或用户暖气片破裂，因此需要有报警或限压安全措施；若出现供水压力超限、供水温度过高、回水压力过低、补水箱缺水等现象，应进行报警。带控制点的换热站供热系统工艺流程如图 6.45 所示。

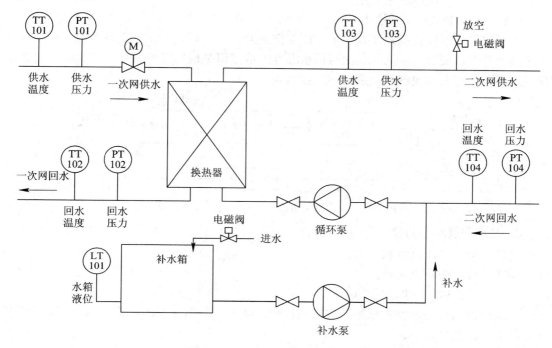

图 6.45　换热站供热系统工艺流程

6.9.3　总体方案设计

依据工艺控制要求和过程分析，结合控制对象特性和实际供暖现状，设计总体方案如图 6.46 所示。

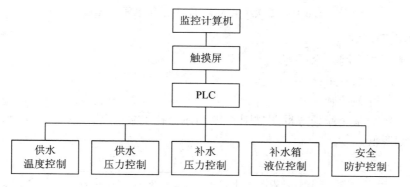

图 6.46　总体设计方案

1. 监控与操作

现场操作、参数设置采用触摸屏，利用 RS485 口与 PLC 通信。远程监控采用上位计算机，利用触摸屏的网口及转发功能实现与上位机通信。

2. 二次网供水温度控制

被调参数：二次网供水温度；

调节参数：一次网热水流量；

控制算法：PID + 手动输出。

二次网供水温度控制系统原理方框图如图 6.47 所示。增大一次网热水流量，则二次网供水温度升高，反之则降低。二次网供水温度的给定值是根据室外温度，并通过自动查表获得，查表运算在触摸屏和上位机中同步实现。

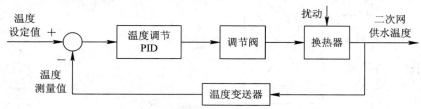

图 6.47　二次网供水温度控制系统原理方框图

3. 二次网供水压力控制

被调参数：二次网供水压力；

调节参数：循环泵转速；

控制算法：PID + 手动输出。

二次网供水压力控制系统原理方框图如图 6.48 所示。循环泵的转速升高，二次网供水压力增大，反之则减小。

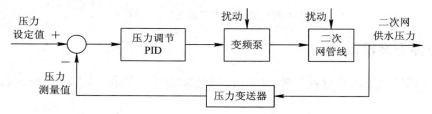

图 6.48　二次网供水压力控制系统原理方框图

4. 补水压力控制

被调参数：二次网回水压力；

调节参数：补水流量；

控制算法：开关控制。

补水压力控制系统原理方框图如图 6.49 所示。补水泵启动，则二次网回水补充，压力升高，反之则降低。

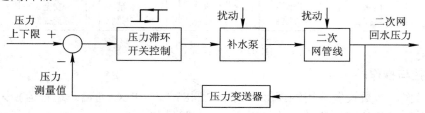

图 6.49　补水压力控制系统原理方框图

5. 补水箱液位控制

被调参数：补水箱液位；

调节参数：进水流量；

控制算法：开关控制。

补水箱液位控制系统原理方框图如图 6.50 所示。打开进水阀，则水位升高，反之则下降。

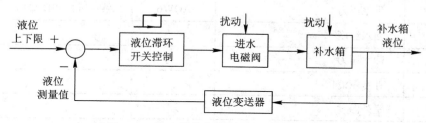

图 6.50 补水箱液位控制系统原理方框图

6. 报警与防护控制

水箱液位过低报警；二次网供水压力过高报警；二次网供水温度过高报警；回水压力过低报警。

6.9.4 控制系统硬件设计

1. PLC 硬件配置

通过工艺分析，开关量 I/O 点数为 6 入/4 出，模拟量 I/O 点数为 8 入/2 出。根据 I/O 点数及控制功能要求，选择硬件如下：

本机：选 CPU224XP，自带 2 入/1 出共 3 个模拟量，自带 14 入/10 出共 24 个开关量；

扩展模块：2 块 4AI 的 EM231 模块，1 块 2AO 的 EM232 模块。

这样，既能满足模拟量与开关量输入/输出要求，又能有适当的 I/O 点余量，还可继续进行规模扩展。

2. I/O 地址分配

PLC 的 DI/DO 地址分配如表 6.3 所示。

表 6.3 PLC 的 DI/DO 地址分配

开关量输入(DI)		开关量输出(DO)	
地址	说 明	地址	说 明
I0.0	按钮 SB1，循环泵启动	Q0.0	循环泵变频器
I0.1	按钮 SB2，循环泵停止	Q0.1	补水泵
I0.2	循环泵状态	Q0.2	补水箱进水电磁阀
I0.3	按钮 SB3，补水泵启动	Q0.3	供水压力高放空阀
I0.4	按钮 SB4，补水泵停止		
I0.5	补水泵状态		

PLC 的 AI/AO 地址分配如表 6.4 所示。

表 6.4 PLC 的 AI/AO 地址分配

模拟量输入(AI)		模拟量输出(AO)	
地址	说　明	地址	说　明
AIW4	供水温度	AQW4	供水温度 PID 输出
AIW6	供水压力	AQW6	供水压力 PID 输出
AIW8	回水温度		
AIW10	回水压力		
AIW12	补水箱液位		
AIW14	室外温度		
AIW16	温度调节阀开度		
AIW18	循环泵转速		

6.9.5　控制系统软件设计

1. PLC 编程

设计中，由于涉及较多的触摸屏操作等变量，在此仅写出对主要控制功能进行简化的程序，并作为设计参考。

(1) 符号表定义。PLC 编程变量符号如表 6.5 所示。

表 6.5　变 量 符 号

符　号	地址	符　号	地址
T1 测量	AIW4	放空模式(手/自)	VW908
P1 测量	AIW6	T1 测量 R	VD1000
T2 测量	AIW8	T1 给定 R	VD1004
P2 测量	AIW10	PID0_手动出百分值	VD1008
L 测量	AIW12	PID0_手动出	VD1012
T 室外	AIW14	T1 给定 R 恒	VD1016
V 开度	AIW16	T1 给定 R 变	VD1020
Pump 转速	AIW18	T1 温度修正	VD1024
T1 控制模式(手/恒/变)	VW900	P1 测量 R	VD1100
P1 控制模式(手/自)	VW902	P1 给定 R	VD1104
P2 控制模式(手/自)	VW904	PID1_手动出百分值	VD1108
L 控制模式(手/自)	VW906	PID1_手动出	VD1112

续表

符 号	地址	符 号	地址
P1 给定 R 恒	VD1116	Pump 转速 R	VD1608
T2 测量 R	VD1200	循环泵变频启动	I0.0
P2 测量 R	VD1204	循环泵变频停止	I0.1
补水压力下限	VD1208	循环泵状态	I0.2
补水压力上限	VD1212	补水泵启动	I0.3
L 测量 R	VD1300	补水泵停止	I0.4
液位下限	VD1304	补水泵状态	I0.5
液位上限	VD1308	循环泵	Q0.0
放空下限	VD1404	补水泵	Q0.1
放空上限	VD1408	水箱进水电磁阀	Q0.2
供水温度联锁值	VD1500	放空电磁阀	Q0.3
供水压力联锁值	VD1504	PID0_手自切换	M0.0
补水压力联锁值	VD1508	PID1_手自切换	M0.1
水箱液位联锁值	VD1512	补水开_关	M1.0
T 室外 R	VD1600	液位开_关	M1.1
V 开度 R	VD1604	放空开_关	M1.2

(2) 供水温度控制子程序。二次网供水温度控制子程序梯形图如图 6.51 所示。

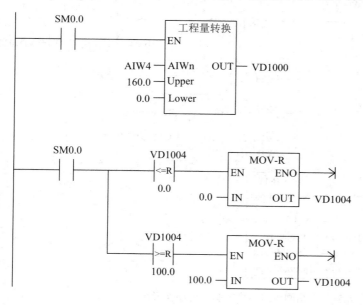

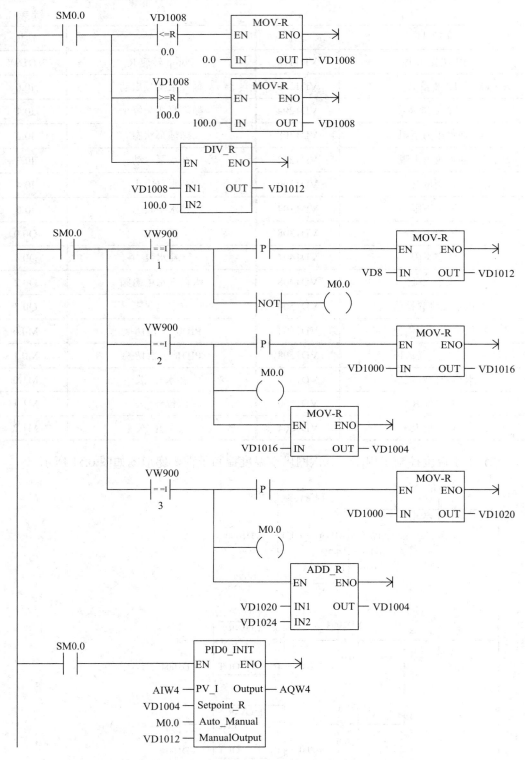

图 6.51 二次网供水温度控制子程序梯形图

温度控制系统采用了 PID 算法，PID 参数的设置需根据换热器对象的不同特性进行在线调试确定。

(3) 供水压力控制子程序。二次网供水压力控制子程序梯形图如图 6.52 所示。

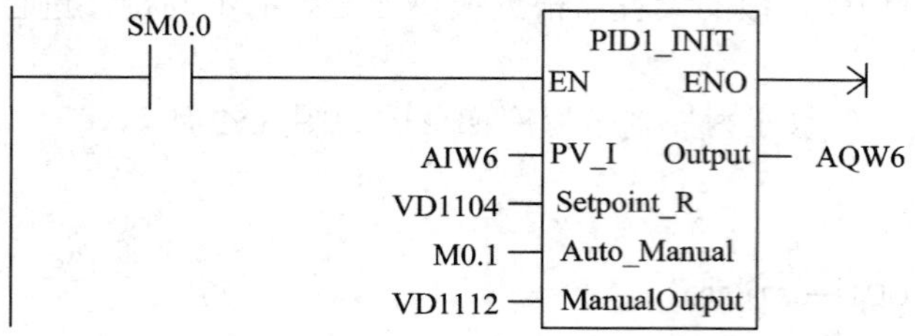

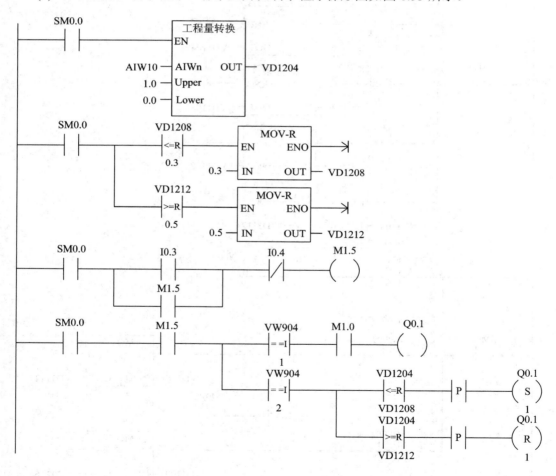

图 6.52　二次网供水压力控制子程序梯形图

供水压力控制也采用了 PID 算法，通过调节循环泵电机的转速进行压力调节。供水压力的调节会影响到供水温度的调节，一般工艺中要求供水压力是稳定的。

(4) 补水压力控制子程序。补水压力控制子程序梯形图如图 6.53 所示。

图 6.53　补水压力控制子程序梯形图

补水压力控制采用开关控制方式，低于下限压力时开启补水泵，高于上限压力时关闭补水泵。

(5) 补水箱液位控制子程序。补水箱液位控制子程序梯形图如图 6.54 所示。

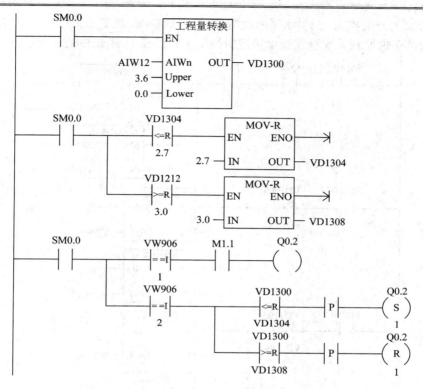

图 6.54　补水箱液位控制子程序梯形图

补水箱液位控制也采用开关控制方式，液位低于下限值时打开进水阀，液位高于上限值时关闭进水阀。

(6) 放空阀控制。二次网供水压力过高时，需要进行压力放空，放空阀控制子程序梯形图如图 6.55 所示。

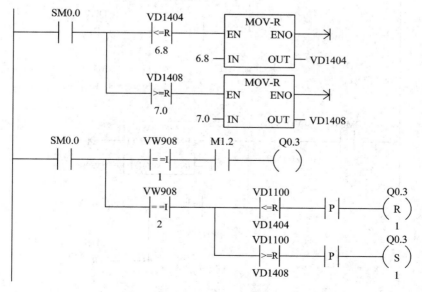

图 6.55　放空阀控制子程序梯形图

控制方式为开关控制，当供水压力过高时，打开放空阀，直到压力恢复到正常值范围内。

(7) 联锁保护控制。安全联锁保护逻辑控制子程序梯形图如图 6.56 所示。

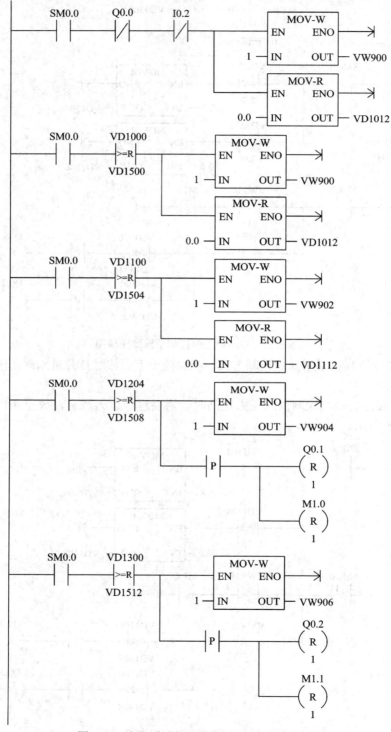

图 6.56　安全联锁保护逻辑控制子程序梯形图

该程序主要是针对供水压力过高、供水温度过高、回水压力过低等实施的保护性措施。

(8) 初始化程序。PLC 程序运行初始，需要对部分参数进行赋值，初始化程序梯形图如图 6.57 所示。

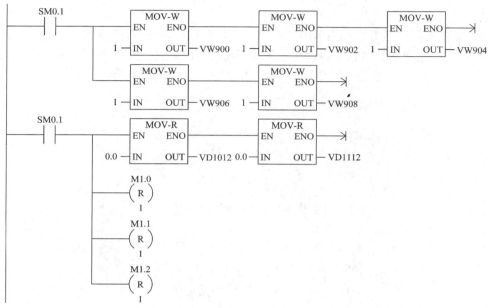

图 6.57 初始化程序梯形图

(9) 主程序调用子程序。主程序调用子程序梯形图如图 6.58 所示。

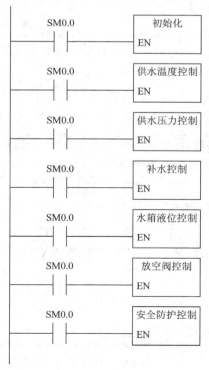

图 6.58 主程序调用子程序梯形图

2. 触摸屏组态

采用 MCGS TCP7062K 触摸屏，它带有一个串口、一个 LAN 口和两个 USB 口。在电脑上安装 MCGS 嵌入版组态软件，并双击"MCGSE 组态环境图标"打开组态编程软件。

(1) 建立工程。单击文件菜单中"新建工程"选项，选择 TCP 类型"TCP7062K"后点击"确定"，则建立了默认工程名为"新建工程_0"的项目工程。选择文件菜单中的"工程另存为"，修改工程名为"换热站控制"，并保存，如图 6.59 所示。

图 6.59　建新工程

(2) 制作工程画面。在"用户窗口"中新建"工艺流程""温度控制""补水控制""参数设置"等画面窗口，并进行相应的编辑。组态画面如图 6.60～图 6.64 所示。

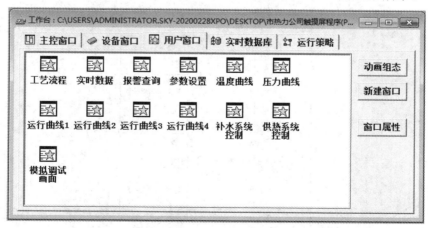

图 6.60　建新窗口

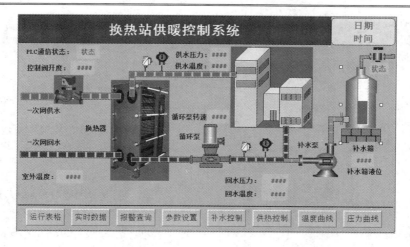

图 6.61 工艺流程画面

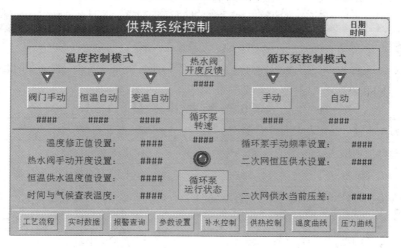

图 6.62 温度与压力控制画面

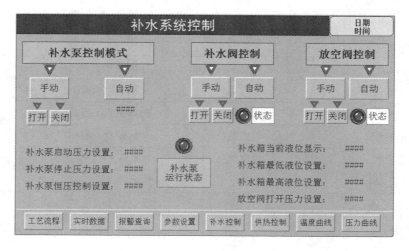

图 6.63 补水、液位与放空控制画面

图 6.64　参数设置画面

(3) 定义数据对象。定义数据对象，就是定义画面所用变量，建立实时数据库。该工程的部分变量如表 6.6 所示。

表 6.6　数 据 库 变 量

对象名称	类型	对象名称	类型
供水温度控制模式	数值型	供水压力手动值	数值型
供水压力控制模式	数值型	补水压力下限值	数值型
补水压力控制模式	数值型	补水压力上限值	数值型
水箱液位控制模式	数值型	液位下限值	数值型
压力放空控制模式	数值型	液位上限值	数值型
供水温度测量值	数值型	放空压力上限值	数值型
供水压力测量值	数值型	供水温度联锁值	数值型
补水压力测量值	数值型	供水压力联锁值	数值型
补水温度测量值	数值型	补水压力联锁值	数值型
水箱液位测量值	数值型	水箱液位联锁值	数值型
供水变频频率	数值型	循环泵状态标志	开关型
供水温度给定值	数值型	补水泵状态标志	开关型
供水压力给定值	数值型	补水泵手动开/关	开关型
室外温度测量值	数值型	进水阀手动开/关	开关型
温度修正值	数值型	放空阀手动开/关	开关型
热水阀开度反馈值	数值型	……	……
热水阀开度手动值	数值型		

建立实时变量数据库如图 6.65 所示。

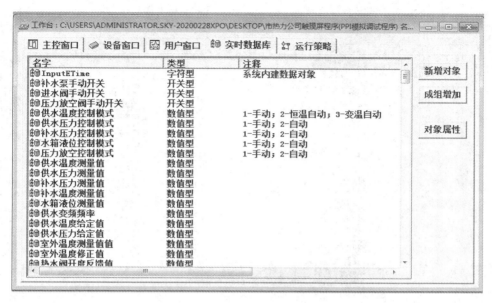

图 6.65 建立实时变量数据库

(4) 建立动画连接。将开关状态、参数设置、变量显示、按钮操作等用户窗口中的画面元素，与实时数据库中的数据对象建立相关性连接，并设置相应的动画属性，从而实现图形的动画效果，如图 6.66 所示。

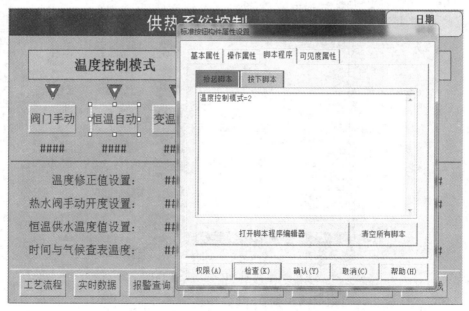

图 6.66 建立动画连接

(5) 建立设备连接。选定与设备相匹配的设备构件，连接设备通道，完成设备属性设置，使得触摸屏与 PLC 建立通信，变量之间建立连接。由于触摸屏还要与上位机通信，所以选定的设备还包括 TCPIP 父设备和 Modbus TCPIP 数据转发设备。串口通信设备和 TCPIP

通信设备的连接分别如图 6.67 和图 6.68 所示。

图 6.67　建立串口通信设备连接

图 6.68　建立 TCPIP 通信设备连接

（6）编写运行策略。控制策略主要在 PLC 中实现，在此工程中，触摸屏中有一主要功能是完成温度表格的数据查询，实现供暖温度设定值的分时段调整。运行策略编程如图 6.69 所示。

（7）工程下载。组态完毕后，下载到触摸屏中，与 PLC 连接并进行调试，不断修改完善相应的功能，最后进行现场调试。

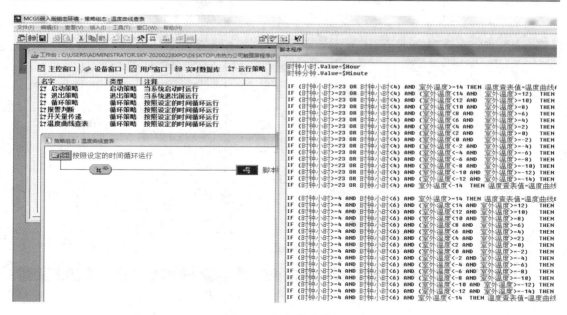

图 6.69　运行策略编程

3. 上位机组态

上位机组态采用 MCGS 网通版组态软件，组态过程跟嵌入版类似。图 6.70 和图 6.71 为上位机的工艺流程监控画面和上位机运行控制画面。有关数据报表、数据分析、记录曲线、报警记录等，在此不作介绍。

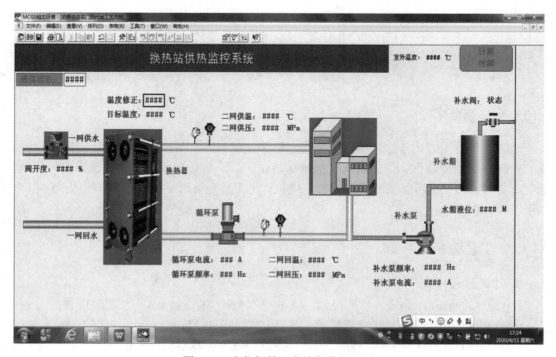

图 6.70　上位机的工艺流程监控画面

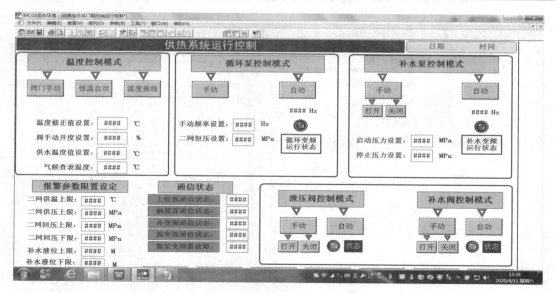

图 6.71 上位机运行控制画面

6.9.6 运行调试

PLC 编程、触摸屏组态以及上位机组态完成后，进行控制系统运行前调试。首先进行 PLC 与触摸屏的调试，实现基本控制、操作、数据显示等功能；然后进行触摸屏与上位机间的数据变量通信调试；最后进行 PLC、触摸屏、上位机三者的联调，直到符合要求为止。

6.10 油田注气站控制系统

6.10.1 控制要求

油田注气站主要用于生产蒸汽，为稠油热采提供热源。某注气站针对蒸汽锅炉外围设备的控制包括油罐液位、油罐温度、储水罐液位、蒸汽锅炉房可燃气、供油泵房可燃气、烟气压力与温度、排污降温池液位等参数变量，使参数变量满足工艺要求，越限及时报警，确保安全。

6.10.2 工艺分析

1. 工艺过程控制

(1) 60 m³ 油罐(2 座)液位检测显示，高液位 3.6 m，低液位 0.6 m，越限报警；

(2) 60 m³ 油罐(2 座)温度检测显示，高温 92℃越限报警；

(3) 100 m³ 水罐(1 座)液位检测显示，高液位 4.5 m，低液位 0.5 m，越限报警；

(4) 高压蒸汽锅炉房可燃气(3 处)浓度检测、控制，当可燃气体浓度达 25%LEL 时报警，联锁启动轴流风机；

(5) 供油泵房可燃气浓度检测、控制，当可燃气体浓度达 25%LEL 时报警，联锁启动轴流风机；

(6) 引风机进、出口烟气压力检测、报警；

(7) 引风机进、出口烟气温度检测、报警；

(8) 排污降温池液位检测、控制，高液位−1.0 m，低液位−2.6 m，越限报警，并联锁启停污水提升泵；

(9) 参数报警在触摸屏上显示。

2. I/O 变量计算

根据对工艺过程的分析，4～20 mA 模拟量输入信号 10 点；开关量输入信号 13 点；开关量输出信号 9 点，为继电器输出。

6.10.3 总体方案设计

根据工艺设备的控制要求，设计控制系统总体方案如图 6.72 所示。

储油罐和储水罐的液位参数变送器采集、显示、越限报警；排污降温池液位采用限位控制方式；可燃气浓度采取联锁控制；参数设置与变量显示、设备启/停及运行状态等在触摸屏上实施。

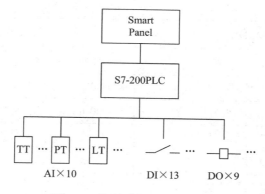

图 6.72 控制系统总体方案结构

6.10.4 控制系统硬件设计

1. PLC 选型与配置

根据工艺控制 I/O 点的计算情况，PLC 造型与配置如表 6.7 所示。

表 6.7 PLC 选型与配置

模块名称	型 号	数 量
CPU 模块	CPU224XP	1
DI/DO 模块	4DI/4DO EM223	1
AI/AO 模块	4AI/1AO EM235	3

2. HMI 选型

选择 Smart 700 IE 作为 HMI，Smart Panel 700 IE 支持以太网通信和 Modicon Modbus 串行通信功能，以便于后期进行的上位机监控功能的实现。Smart 700 IE 的通信接口如图 6.73 所示。

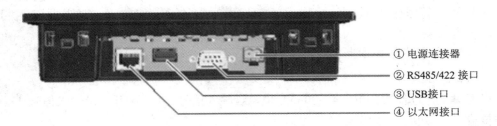

① 电源连接器
② RS485/422 接口
③ USB接口
④ 以太网接口

图 6.73　Smart 700 IE 的通信接口

6.10.5　控制系统软件设计

1. PLC 的 I/O 地址分配

PLC 的 DI/DO 地址分配如表 6.8 所示。

表 6.8　PLC 的 DI/DO 地址分配

开关量输入(DI)		开关量输出(DO)	
地址	说　明	地址	说　明
I0.0	泵房可燃气报警	Q0.0	启动泵房风机
I0.1	锅炉房 1 号可燃气报警	Q0.1	启停锅炉房 1 号风机
I0.2	锅炉房 2 号可燃气报警	Q0.2	启停锅炉房 2 号风机
I0.3	锅炉房 3 号可燃气报警	Q0.3	启停锅炉房 3 号风机
I0.4	泵房风机运行状态	Q0.4	启停锅炉房 4 号风机
I0.5	锅炉 1 号风机运行状态	Q0.5	启停锅炉房 5 号风机
I0.6	锅炉房 2 号风机运行状态	Q0.6	启停锅炉房 6 号风机
I0.7	锅炉房 3 号风机运行状态	Q0.7	启停 1 号提升泵
I1.0	锅炉房 4 号风机运行状态	Q1.0	启停 2 号提升泵
I1.1	锅炉房 5 号风机运行状态		
I1.2	锅炉房 6 号风机运行状态		
I1.3	1 号提升泵运行状态		
I1.4	2 号提升泵运行状态		

PLC 的 AI/AO 地址分配如表 6.9 所示。

表 6.9 PLC 的 AI/AO 地址分配

模拟量输入(AI)		模拟量输出(AO)	
地址	说 明	地址	说 明
AIW4	水罐液位		
AIW6	1 号油罐液位		
AIW8	2 号油罐液位		
AIW10	排污降温池液位		
AIW12	引风机进口温度		
AIW14	引风机出口温度		
AIW16	1 号油罐温度		
AIW18	2 号油罐温度		
AIW20	引风机进口压力		
AIW22	引风机出口压力		

2. 部分功能子程序

(1) 工程量转换子程序。为了适应不同量程和不同变送器信号制要求,编制了多参数工程量转换子程序。图 6.74 所示为局部变量定义情况。图 6.75 和图 6.76 所示分别为工程量转换子程序及子程序调用。

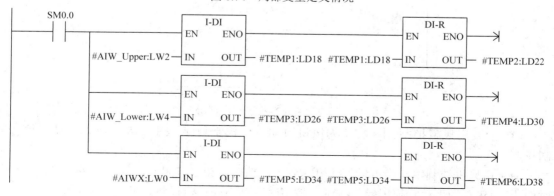

图 6.74 局部变量定义情况

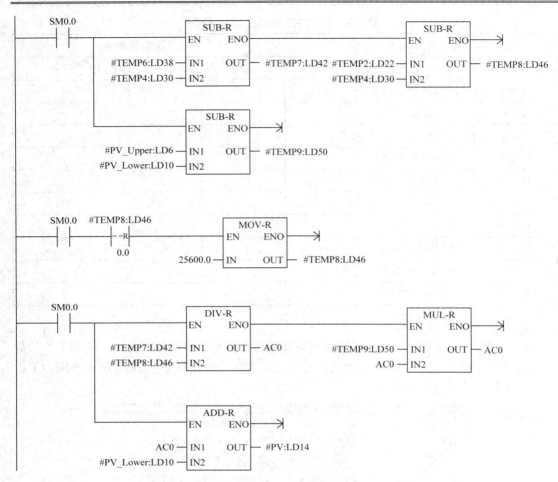

图 6.75　工程量转换子程序

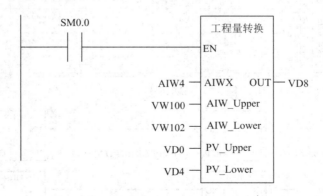

图 6.76　工程量转换子程序调用

（2）油泵房风机控制。图 6.77 为风机自动启停控制程序，图 6.78 为风机手动启停控制程序。

油泵房风机控制中，当可燃气浓度达到上限值时，I0.0 点闭合，启动排风风机，并延时停止；M0.6 为手动触摸屏操作按键，按下时手动启动排风风机，并延时停止。

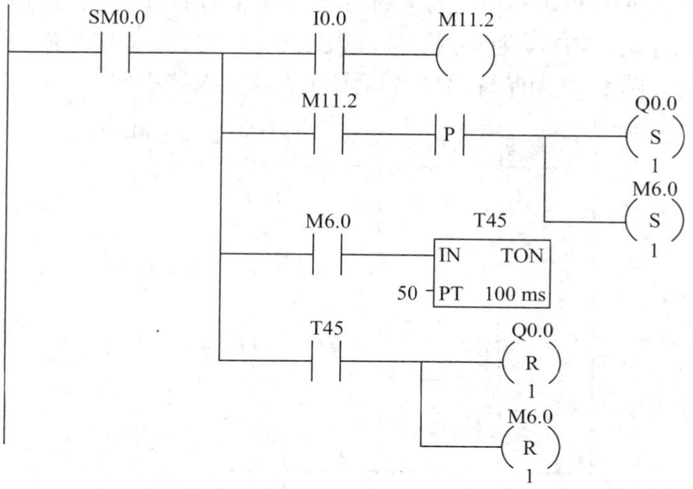

图 6.77 风机自动启停控制程序

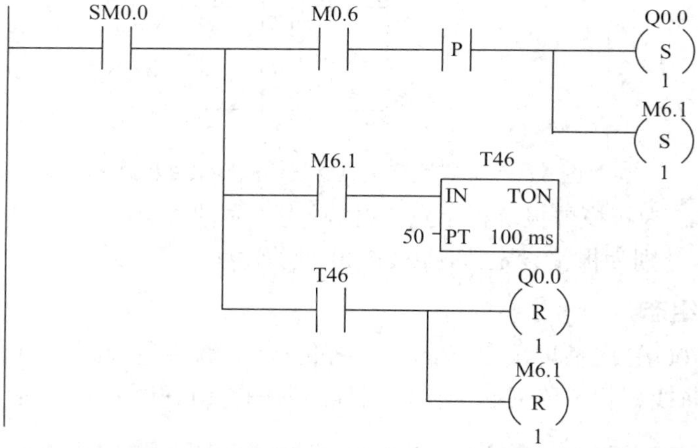

图 6.78 风机手动启停控制程序

(3) 排污降温池提升泵手动/自动控制。图 6.79 所示为提升泵手动/自动控制程序。

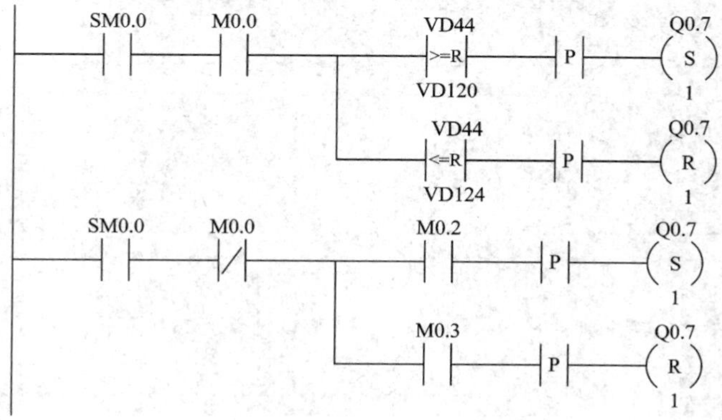

图 6.79 提升泵手动/自动控制程序

M0.0 为自动/手动切换键，M0.2 为手动启动，M0.3 为手动停止；当 M0.0 闭合时为自动控制，否则为手动控制；VD44 为实测液位，VD120 和 VD124 分别为液位上限值和下限值。

(4) 报警控制。图 6.80 为储罐温度及可燃气体浓度报警程序。

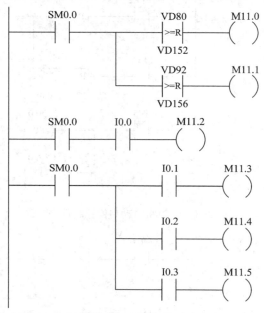

图 6.80　储罐温度及可燃气体浓度报警程序

M11.0～M11.5 为触摸屏报警指示点，VD80 为 1 号油罐温度，VD92 为 2 号油罐温度，VD152 和 VD156 分别为报警设定值，I0.0～I0.3 分别为泵房和锅炉房燃气报警开关。

3. 人机界面组态

Smart Panel 700 IE 触摸屏采用 WinCC flexible 组态软件进行画面功能设计，画面包括参数设置、变量曲线、状态监视和操作控制等，如图 6.81～图 6.84 所示。

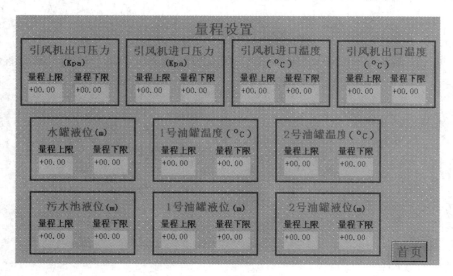

图 6.81　量程设置

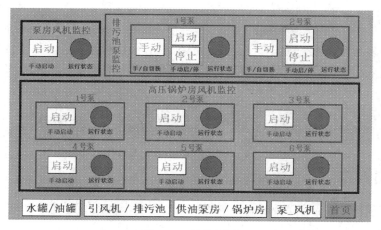

图 6.82 操作界面

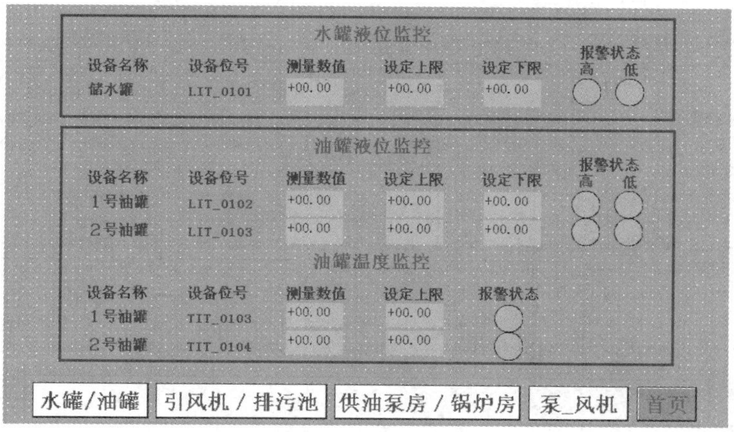

图 6.83 变量监控

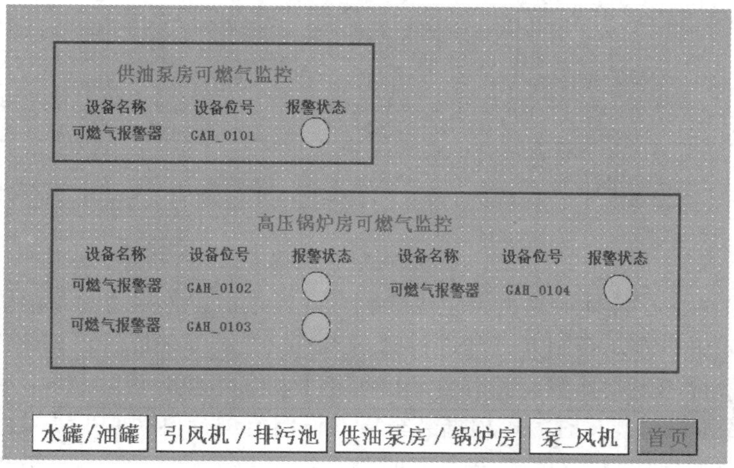

图 6.84 报警画面

6.10.6　运行调试

PLC 编程及触摸屏组态完毕，先进行离线调试，采用模拟开关、信号发生器以及模拟负载，初步实现相应的操作功能；然后进行在线联机调试，直到满足控制要求。

6.11　酒精储罐及计量装车监控系统

6.11.1　控制要求

生产车间生产的成品酒精(95%)、纯酒精以及甲醇，首先通过进口管道输送至储罐中，然后通过储罐的出口管线进行装车、计量。工艺流程如图 6.85 所示。

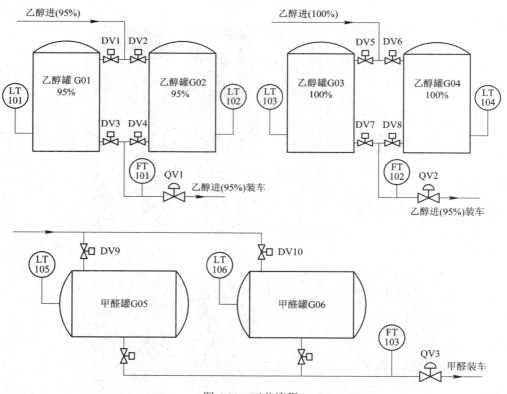

图 6.85　工艺流程

(1) 对 G01～G06 液体储罐的液位进行测量，设定液位上限值与下限值。当液位超过上限值时，关闭进料阀，否则，打开进料阀；当液位低于下限值时，关闭出料阀，否则，打开出料阀。液位越限则报警。具有自动控制和手动操作功能。

(2) 储罐液体物料装车时，可根据装车量的设定值进行自动或手动操作，能对流量进行分项累计和总量累计，并对流量进行实时测量。为了提高装车精度，装车阀采取逐步关闭方式。整个装车过程，不管是手动还是自动，都需要在现场反馈允许装车的信号下进行。

(3) 变量参数、设定值、工艺流程和操作过程能在控制室的上位机上进行显示和实现，并能记录历史数据、报警记录、显示趋势曲线。

6.11.2　分析工艺

根据对工艺的分析，PLC 的 I/O 点(变量)的计算如表 6.10 所示。

表 6.10　工艺控制变量统计

变量类型	输入(I)		输出(O)	
	变量名称	数量	变量名称	数量
模拟量 (A)	无水乙醇流量	1	无水乙醇装车阀开度	1
	95%乙醇流量	1	95%乙醇装车阀开度	1
	甲醛流量	1	甲醛装车阀开度	1
	无水乙醇罐液位	2		
	95%乙醇罐液位	2		
	甲醛罐液位	2		
开关量 (D)	无水乙醇罐进阀状态	2	无水乙醇罐进阀开关	2
	95%乙醇罐进阀状态	2	95%乙醇罐进阀开关	2
	甲醛罐进阀状态	2	甲醛罐进阀开关	2
	无水乙醇罐出阀状态	2	无水乙醇罐出阀开关	2
	95%乙醇罐出阀状态	2	95%乙醇罐出阀开关	2
	甲醛罐出阀状态	2	甲醛罐出阀开关	2
	装车阀状态	3		
	现场装车信号	1		

6.11.3　总体方案设计

根据工艺设备的控制要求，采取如下控制方案：

(1) 由 PLC、上位机 PC、传感器以及执行器共同组成监控系统。

(2) 储罐的液位控制采用常规的双位逻辑控制方式。

(3) 流量累计采用每秒流量值累加方式。

(4) 装车阀操作时，可手动，也可自动。阀门自动控制采取一次打开，延时阶梯关小方式。

(5) 上位机 PC 与 PLC 之间采用 RS485 通信方式。

控制系统总体方案结构如图 6.86 所示。

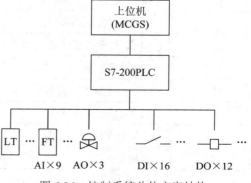

图 6.86　控制系统总体方案结构

6.11.4 控制系统硬件设计

控制系统采用 S7-200PLC 作为控制器,研华工控机作为上位监控计算机,上位机监控组态软件为 MCGS 通用版。

1. PLC 模块选型

根据工艺设备的控制要求,S7-200PLC 的 CPU 及输入/输出模块选型配置如表 6.11 所示。

表 6.11　S7-200PLC 的 CPU 及输入/输出模块选型配置

模块名称	型　号	数　量
CPU 模块	CPU224XP	1
DI/DO 模块	4DI/4DO　EM223	1
AI/AO 模块	4AI/1AO　EM235	3

2. I/O 地址分配

PLC 的 DI/DO 地址分配如表 6.12 所示。

表 6.12　PLC 的 DI/DO 地址分配

开关量输入(DI)		开关量输出(DO)	
地址	说　明	地址	说　明
I0.0	G01　95%乙醇罐进阀状态	Q0.0	G01　95%乙醇罐进阀
I0.1	G01　95%乙醇罐出阀状态	Q0.1	G01　95%乙醇罐出阀
I0.2	G02　95%乙醇罐进阀状态	Q0.2	G02　95%乙醇罐进阀
I0.3	G02　95%乙醇罐出阀状态	Q0.3	G02　95%乙醇罐出阀
I0.4	G03　无水乙醇罐进阀状态	Q0.4	G03　无水乙醇罐进阀
I0.5	G03　无水乙醇罐出阀状态	Q0.5	G03　无水乙醇罐出阀
I0.6	G04　无水乙醇罐进阀状态	Q0.6	G04　无水乙醇罐进阀
I0.7	G04　无水乙醇罐出阀状态	Q0.7	G04　无水乙醇罐出阀
I1.0	G05　甲醛罐进阀状态	Q1.0	G05　甲醛罐进阀
I1.1	G05　甲醛罐出阀状态	Q1.1	G05　甲醛罐出阀
I1.2	G06　甲醛罐进阀状态	Q2.0	G06　甲醛罐进阀
I1.3	G06　甲醛罐出阀状态	Q2.1	G06　甲醛罐出阀
I1.4	95%乙醇装车阀状态		
I1.5	无水乙醇装车阀状态		
I2.0	甲醛装车阀状态		
I2.1	现场装车信号		

PLC 的 AI/AO 地址分配如表 6.13 所示。

表 6.13 PLC 的 AI/AO 地址分配

模拟量输入(AI)		模拟量输出(AO)	
地址	说　明	地址	说　明
AIW4	G01　95%乙醇罐液位	AQW4	95%乙醇装车阀开度
AIW6	G02　95%乙醇罐液位	AQW8	无水乙醇装车阀开度
AIW8	95%乙醇流量	AQW12	甲醛装车阀开度
AIW10	G03　无水乙醇罐液位		
AIW12	G04　无水乙醇罐液位		
AIW14	无水乙醇流量		
AIW16	G05　甲醛罐液位		
AIW18	G06　甲醛罐液位		
AIW20	甲醛流量		

6.11.5　控制系统软件设计

这里只列出部分功能子程序。

1. 流量累计程序

累计分项计量需要输入设定值,累计数值达到设定值时,停止计量,关闭流量控制阀。

(1) 流量累计标准化子程序。定义带参数子程序变量如图 6.87 所示,流量累计标准化子程序如图 6.88 所示。

	符号	变量类型	数据类型	注释
	EN	IN	BOOL	
L0.0	ZE	IN	BOOL	清零
L0.1	ST_ON_OFF	IN	BOOL	累计启动/停止
LD1	PV	IN	REAL	流量测量值
LD5	X	IN	REAL	秒流量换算系数
		IN_OUT		
LD9	OUT	OUT	REAL	累计输出值
		OUT		
		TEMP		

图 6.87　子程序参数变量

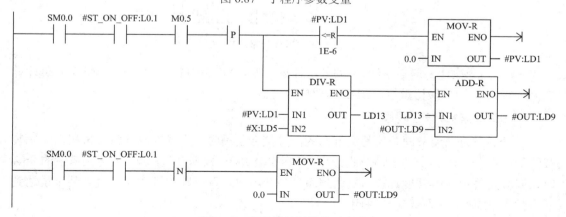

图 6.88　流量累计标准化子程序

(2) 累计计量程序。通过调用前面讲到的工程量转换子程序，以及图 6.88 所示流量累计标准化子程序，实现流量的累计计量。累计计量程序如图 6.89 所示。

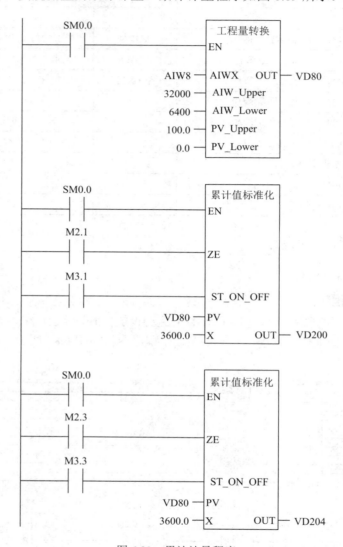

图 6.89　累计计量程序

M2.1 为分次计量清零，M3.1 为分次计量启停，M2.3 为总计量清零，M3.3 为总计量启停，VD200 为分次计量值，VD200 为总计量值。

2. 95%乙醇装车控制程序

自动装车时，调节阀首先是全打开的，等接近装满时，为了准确计量，再根据车辆装载量的程度分三步逐步关小调节阀开度，直到完全关闭。根据经验，装车量达到满量的 95%时，调节阀关到 60%开度；装车量达到满量的 98%时，调节阀关到 30%开度；装车量达到满量的 100%时，调节阀完全关闭。

(1) 95%乙醇装车自动控制程序。乙醇装车控制程序分为自动和手动两部分，装车自动控制程序如图 6.90 所示。M7.0 为装车自动与手动切换，VD500 为调节阀开度值，可手动通过触摸屏改变。

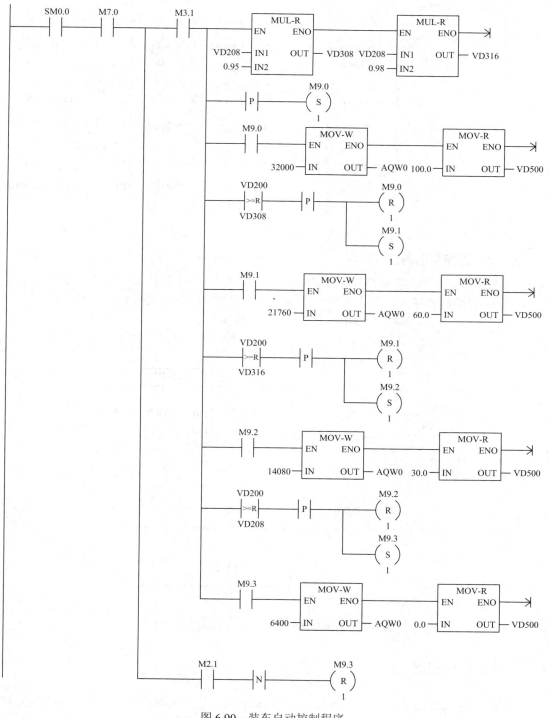

图 6.90 装车自动控制程序

(2) 流量阀门手动控制。乙醇装车手动控制程序如图 6.91 所示。通过触摸屏改变 VD500 中的数值,实现阀开度手动控制。

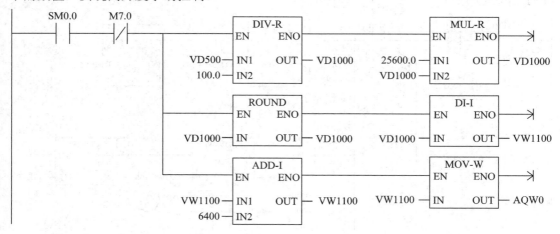

图 6.91　装车手动控制程序

3. G01 进阀与出阀控制程序

乙醇储罐进料阀自动与手动控制程序如图 6.92 所示。M1.0 为进料阀自动/手动切换,M4.0 为手动开阀,M4.1 为手动关阀。储罐出料阀的控制程序与进料阀控制程序相似。

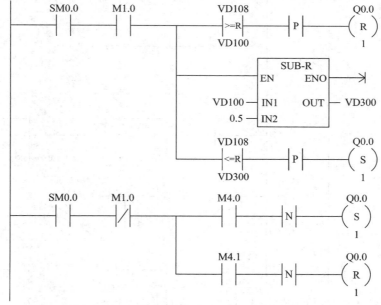

图 6.92　乙醇储罐进料阀自动与手动控制程序

6.11.6　上位机组态

上位机 MCGS 通用版的组态过程与 MCGS 嵌入版基本相同,设备配置与通道建立如图 6.93 所示。该项目的部分用户窗口操作画面如图 6.94～图 6.97 所示。

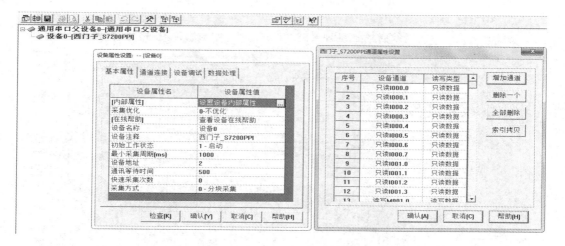

图 6.93 设备配置与通道建立

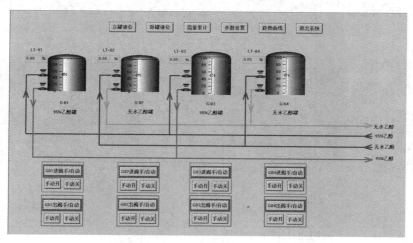

图 6.94 立罐进出阀操作画面

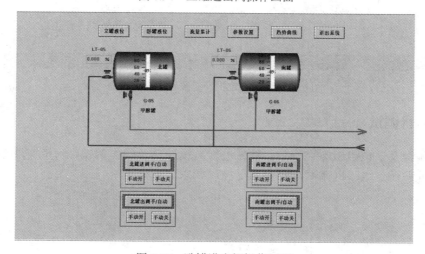

图 6.95 卧罐进出阀操作画面

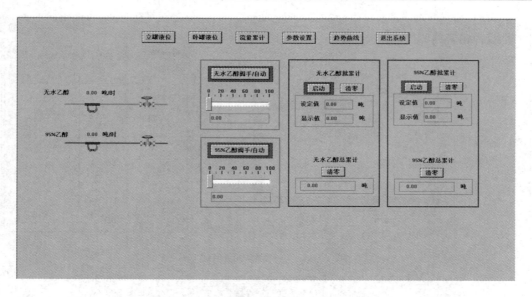

图 6.96　乙醇计量操作画面

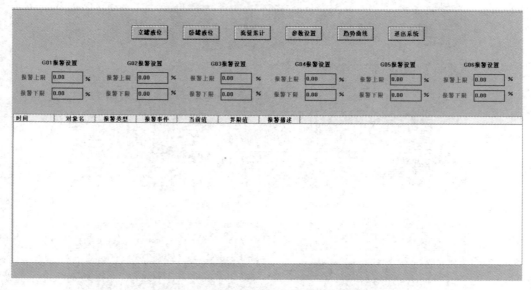

图 6.97　储罐液位报警参数设置查询画面

6.11.7　运行调试

PLC 编程及上位机组态完毕后，首先进行离线通信及操作调试，初步实现相应的操作功能；然后进行在线联机调试，直到满足控制要求。

第7章　STEP7-Micro/WIN 使用简介

STEP 7-Micro/MIN 是 SIEMENS 公司专为 S7-200 系列 PLC 研发的编程软件，目前的最新版本是 STEP 7-Micro/WIN V4.0 SP9。该软件支持 LAD(梯形图)、FBD(功能块图)和 STL(语句表)3 种编程模式，主要用于开发用户程序、监控系统状态、检查排除系统故障、管理用户程序文档等。下面就以 STEP 7-Micro/WIN V4.0 SP9 为例，介绍如何使用编程软件进行程序编写、调试与监控。

7.1　编程软件的安装

7.1.1　软件安装

打开 STEP 7-Micro/WIN V4.0 SP9 文件夹，双击安装程序"step.exe"，根据安装提示逐步完成安装，如图 7.1 所示。

图 7.1　STEP 7-Micro/WIN 软件安装

进入安装程序时，默认"English"为安装语言。

7.1.2　软件汉化

安装完成后，点击桌面上的编程软件图标，打开编程软件；在"Tools"菜单列表中，选择"Options…"选项，如图 7.2 所示。

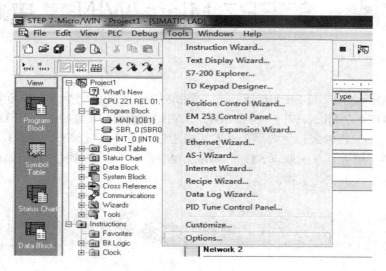

图 7.2　打开汉化窗口

在弹出的对话框中找到"General"项并点击，则在右侧显示"Language"语言选择框，然后选择"Chinese"后，点击"OK"按钮；重新启动编程软件，即可完成汉化过程，如图 7.3 所示。

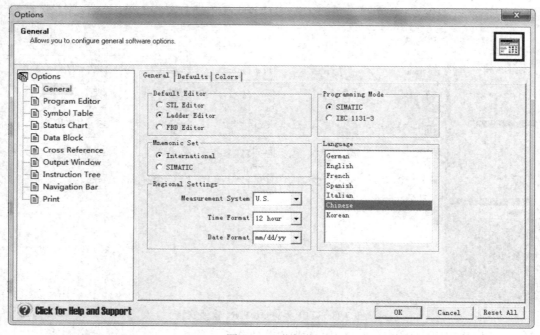

图 7.3　汉化操作

7.2　编　程　界　面

7.2.1　编程窗口

打开 STEP7_Micro/WIN 编程软件，首先看到的是编程窗口，包括菜单栏、工具栏、浏览条、指令树、输出窗口、程序编辑器等部分。编程窗口，又称之为主界面，被划分为多个部分，如图 7.4 所示。

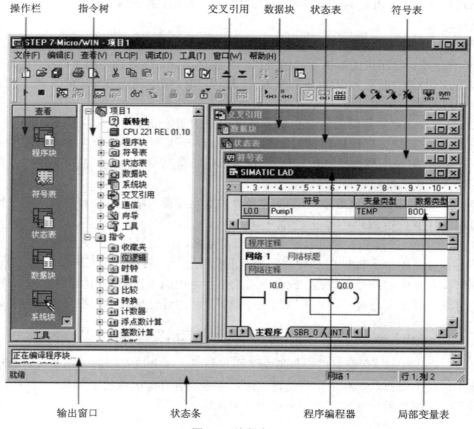

图 7.4　编程窗口

· 菜单栏：每项菜单都包含很多功能项，可使用鼠标或按键执行操作，实现相应的功能。

· 工具栏：为最常用的操作提供便利的鼠标访问按钮。

· 操作栏：显示编程特性的按钮控制群组。选择"查看"类别，则显示程序块、符号表、状态表、数据块、系统块、交叉引用及通信按钮；选择"工具"类别，则显示指令向导、文本显示向导、位置控制向导、EM253 控制面板、调制解调器扩展向导等。

· 指令树：提供所有项目对象和指令的树形视图，用鼠标点击或拖动操作。用户可以在指令树中打开需要的项目对象进行编辑，也可以在程序中插入需要的编程指令等。

- 输出窗口：在编译程序时提供信息，如：是否有错误等。
- 状态条：用于提供操作状态信息。
- 程序编辑器：用于编写程序，包含局部变量表和程序视图。
- 局部变量表：在局部变量表中建立的变量，使用暂时内存；地址赋值由系统处理；变量的使用，仅限于建立此变量的 POU。

除菜单栏外，用户可根据需要，决定其他窗口的取舍和样式。

7.2.2　用户项目组成

控制系统中，以 PLC 为控制器所编写的用户程序软件系统称之为项目，它包含用户程序的所有信息。

一个 S7-200 项目包括下列基本组件：

(1) 程序块。程序块由可执行的指令代码和注释组成，指令代码由主程序(OB1)、可选的子程序(SBR)和中断服务程序(INT)组成。下载程序时，指令代码被编译并下载到 PLC 中，程序注释被忽略。

(2) 数据块。存储程序中使用的 V 存储区变量的初始值，可以使用字节、字、双字来保存不同类型的数据。单击浏览条中的数据块按钮，或者单击菜单栏中的"查看"→"组件"→"数据块"打开数据块窗口。数据块窗口是一个文本编辑器，编辑变量时，直接在窗口内输入变量地址和初始值。

(3) 系统块。S7-200PLC 提供了多种参数和选项设置，修改后的参数和选项设置，只有经过编译并下载到 PLC 中才能生效。

(4) 符号表。在符号表中可以定义和编辑符号名，使用符号名代替绝对地址，能使程序更容易识读。程序下载到 PLC 中时，所有的符号地址均转换为绝对地址。

单击浏览条中的符号表按钮，或者单击菜单命令中的"查看"→"组件"→"符号表"打开符号表进行定义与编辑，并可以加注释说明。程序经过编译后，符号表中定义的符号名就应用于用户程序。

(5) 状态表。在程序运行过程中，对变量状态和变量值进行监控和修改。

(6) 交叉引用表。交叉引用表包括交叉引用信息、字节以及字的使用情况，它可以指出程序中的任一操作数在程序中的位置，还可以查看各存储区域的字节和位的使用情况。程序只有经过编译后，才能查看交叉引用表的内容。

7.3　通　信　连　接

7.3.1　PC 与 PLC 硬件连接

一般情况下，用一根 PC/PPI 电缆，就可建立 PC 与 PLC 之间的通信硬件连接。PC/PPI 电缆的 232 端连接 PC，485 端连接 PLC，如图 7.5 所示。

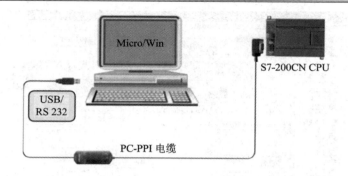

图 7.5　PC 与 PLC 之间的通信硬件连接

7.3.2　通信参数设置

软件安装和硬件连接完成后，进行通信参数的设置，建立 PC 与 PLC 的通信。

1. 设置 PG/PC 接口

打开 STEP7_Micro/WIN 编程软件，在操作栏中点击"设置 PG/PC 接口"图标，弹出对话框，如图 7.6 所示。

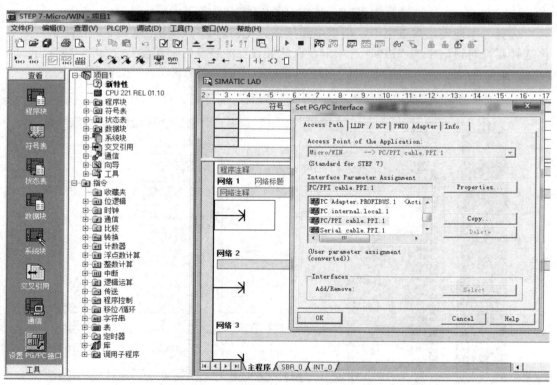

图 7.6　设置 PG/PC 窗口

在打开的设置对话框中，选中"PC/PPI Cable(PPI)"后，单击"属性"按钮，打开属性对话框，如图 7.7 所示。

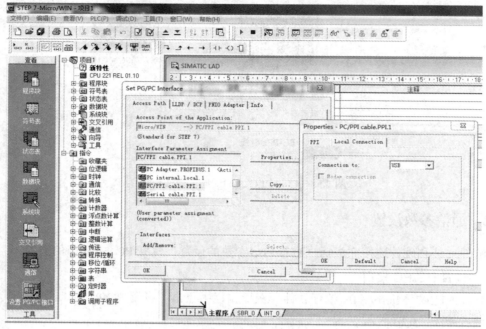

图 7.7   PC/PPI Cable(PPI)属性窗口

选择"本地连接"选项卡，根据电缆接口是 USB/PPI 或 RS-232/PPI 进行确认。然后再选择属性对话框中的"PPI"选项卡，在此处设置波特率等通信参数，如图 7.8 所示。

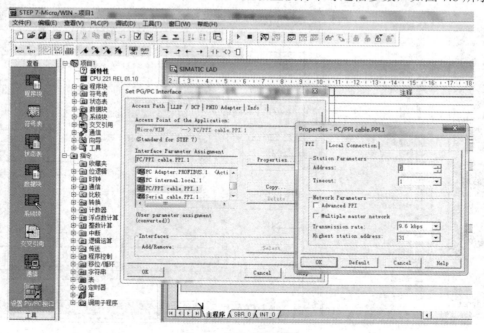

图 7.8   通信参数设置

2. 设置 PLC 通信端口

在操作栏中点击"系统块"图标，弹出通信端口对话框，如图 7.9 所示。

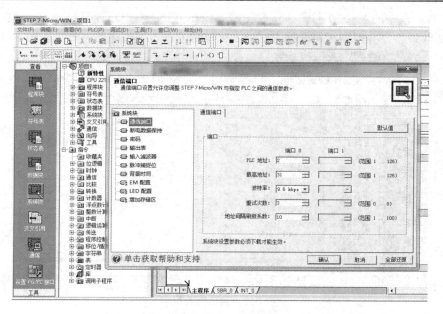

图 7.9   设置 PLC 通信参数

在打开的对话框中，选中"通信端口"，打开"通信端口"对话框，可设置 CPU 集成通信端口的参数。注意：此设置在下载后才起作用。

默认站地址为 2，默认波特率为 9.6 kb/s。

3. 建立 PC 与 PLC 通信连接

在操作栏中点击"通信"图标，可弹出"通信"对话框。或者从菜单中依次选择"查看"→"组件"→"通信"，也可打开"通信"对话框，如图 7.10 所示。

图 7.10   建立 PC 与 PLC 通信连接

双击对话框中的"双击刷新"处，STEP7_Micro/WIN 编程软件将会自动搜索连接在网络中的 S7-200 设备，并用图标显示搜索到的 S7-200PLC。否则，通信失败，如图 7.11 所示。

图 7.11   通信失败提示

7.4   项目创建和程序编写

7.4.1   创建或打开项目

单击工具栏上的"新建项目"按钮，或者单击菜单命令，选择"文件"→"新建"，就可创建一个新的项目；初始创建的项目，需设置 PLC 型号、命名文件等，如图 7.12 所示。

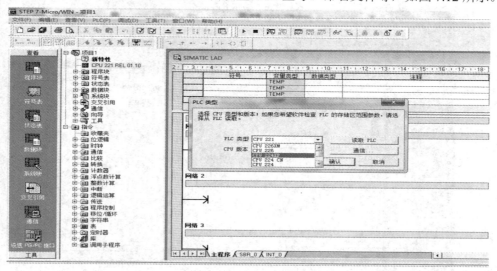

图 7.12   新建项目

如果要打开一个已有的项目，可以单击工具栏上的"打开项目"按钮，或者单击菜单命令，选择"文件"→"打开"，选择需要打开的项目即可。

7.4.2　程序编写

创建项目后，就可利用编程元件，在程序编辑器中编写主程序、子程序以及相关中断程序等。主程序又称为 OB1，在 PLC 的每个扫描周期执行一次。子程序只有被主程序、中断程序或者其他的子程序调用时才被执行。中断程序由操作系统调用，只有当特定中断事件发生时才执行。主程序只有一个，子程序与中断程序可以有多个。主程序、子程序以及中断程序在编辑器中可以相互切换。

若要增加子程序或中断程序，则单击菜单命令，选择"编辑"→"插入"→"子程序"或"中断程序"即可实现，如图 7.13 所示。也可在指令树中，右键点击"程序块"，在下拉菜单中点击"插入"→"子程序"或"中断程序"即可，如图 7.14 所示。

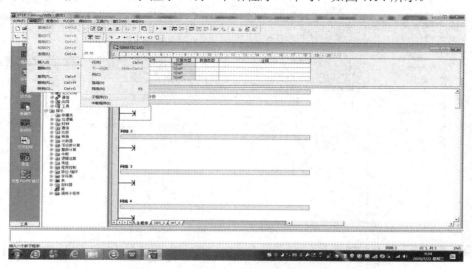

图 7.13　增加子程序或中断程序(1)

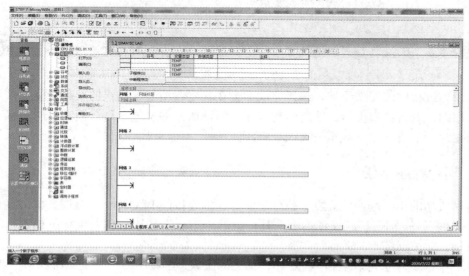

图 7.14　增加子程序或中断程序(2)

7.5　程序编译与下载

7.5.1　用户程序编译

单击菜单命令中的"PLC"→"编译",或者单击工具栏上的"编译"按钮,可以编译程序编辑器窗口当前块(数据块或程序块);单击菜单命令中的"PLC"→"全部编译",或者单击工具栏上的"全部编译"按钮,可以编译当前项目中所有的程序块、数据块和系统块,如图 7.15 所示。

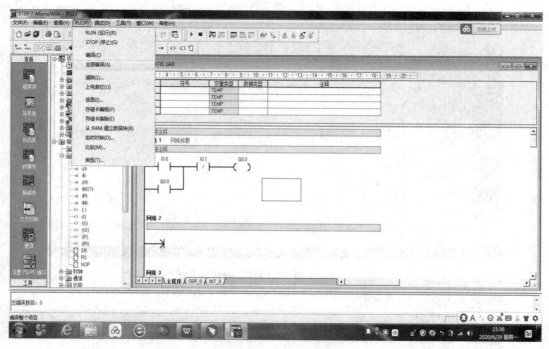

图 7.15　编译程序

在编译过程中若发现错误,编译完成后会在输出窗口显示错误的数目、位置以及产生错误的原因。双击错误提示,就跳转到程序中错误所在的位置。只有程序中的所有错误都得到修正,才能将程序下载至 PLC 中,否则,提示不能下载。

7.5.2　用户程序下载

编译成功的用户程序,就能下载至建立好通信连接的 PLC 中。下载时,单击菜单命令中的"文件"→"下载",或者单击工具栏上的"下载"按钮,就能执行下载过程,如图 7.16 所示。

PLC 中的程序也可以上传至 PC 中,称之为上载。上载时,单击菜单命令中的"文件"→"上载",或者单击工具栏上的"上载"按钮,就能执行上载。

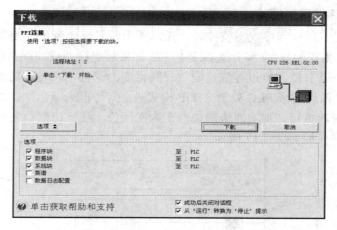

图 7.16　用户程序下载

7.6　程序运行监控与调试

使用 STEP 7-Micro/WIN 编程软件能对用户程序进行运行状态监控和调试。监控与调试工具包括程序状态和状态图表等，可以读取、显示 PLC 中数据的当前值，也可以将数值写入或强制到 PLC 的变量中。

7.6.1　程序运行与停止

下载成功后，将 S7-200 CPU 模块上的状态开关拨到 RUN 位置，CPU 模块上的黄色"STOP"指示灯灭，绿色"RUN"指示灯点亮，PLC 进入运行状态。

如果 S7-200 CPU 模块上的状态开关处于 RUN 或 TERM 位置，还可以在 STEP7-Micro/W1N 软件中单击菜单命令中的"PLC"→"运行"和"PLC"→"停止"，或单击工具栏按钮改变 CPU 模块运行状态。

7.6.2　"程序状态"监控与调试

1. 启动程序状态监控

单击菜单命令中的"调试"→"开始程序状态监控"或者单击工具栏中的"程序状态监控"按钮，就能开始程序状态监控。

如果 CPU 模块中的程序与打开项目的程序不同，或者在切换编程语言后使用监控功能，将会出现"时间戳记不匹配"的对话框，需单击比较按钮检查确认，必要时重新下载。

如果 CPU 模块处于 STOP 模式，会出现"是否切换到 RUN 模式"对话框，应确认进入 RUN 模式。如果检查结果有问题，应重新下载用户程序。

PLC 只能在 RUN 模式下才能查看连续的更新状态，但不能显示未执行的程序区的程序状态。

2. 梯形图程序监控与调试

在 RUN 模式下进行程序状态监控时，梯形图中各元件的颜色代表其状态，左边的电源线(垂直)和与它相连的导线(水平)是深蓝色的；如果触点接通或线圈带电，则它们中间出现深蓝色的方块；若有能流流过导线，则该导线也变为深蓝色。对于功能块指令，在无能流、指令被跳过、未调用或 PLC 处于 STOP 模式时，其边框为灰色；如果有能流流入输入端，且该指令被成功执行，则功能块的边框变为深蓝色。红色边框则表示执行指令时出现错误。梯形图程序监控如图 7.17 所示。

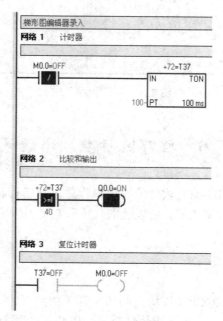

图 7.17 梯形图程序监控

注意，对于某些快速变化的数值，人的视觉可能捕获不到，也就是显示不出来，如流过边沿检测触点的能流等；或者因为某些数值变化太快，根本无法读取。

程序调试就是利用 STEP 7-Micro/WIN 编程软件的调试功能，模拟过程条件，检查用户程序运行是否正确。

通过调试功能中的强制 I/O 点来模拟物理条件，代替外接按钮开关。调试电动机的启/停控制如图 7.18 所示。

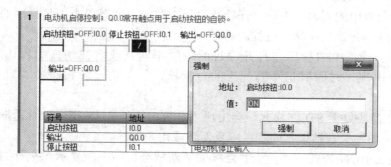

图 7.18 梯形图程序调试(1)

用鼠标右键单击程序状态中的启动按钮 I0.0，执行出现的快捷菜单中的"强制"命令后，点击"强制"按钮，则 I0.0 被强制为 ON，相当于启动按钮"按下"，并在 I0.0 旁边出现"强制"图标。此时，输出线圈带电，即电动机启动，并接在按钮 I0.0 两端的线圈常开触点闭合自锁，如图 7.19 所示。

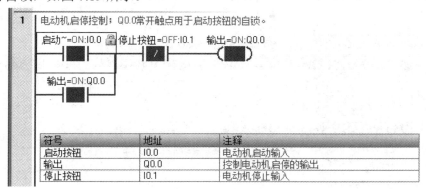

图 7.19　梯形图程序调试(2)

用鼠标右键点击 I0.0，执行出现的快捷菜单中的"取消强制"命令，相当于启动按钮"松开"，由于自锁的原因，线圈仍然带电，即电动机仍处于运行状态。

要停止电动机运行，就用同样的方法"强制"I0.1 断开，相当于停止按钮"按下"。

在程序调试中实施"强制"时，CPU 会在每次程序扫描结束时，将值设置为强制值，而与输入/输出条件或其他正常情况下对操作数值有影响的程序逻辑无关。

3. 语句表"程序状态"监控与调试

在语句表程序显示方式下，点击"程序状态监控"按钮，启动语句表程序状态监控。图 7.20 所示为电动机启/停控制语句表监控。

1	电动机启停控制；Q0.0常开触点用于启动按钮的自锁。					
		操作数 1	操作数 2	操作数 3	0123	字
LD	启动按钮:I0.0	OFF			0000	0
O	输出:Q0.0	OFF			0000	0
AN	停止按钮:I0.1	OFF			0000	1
=	输出:Q0.0	OFF			0000	0
符号	地址	注释				
启动按钮	I0.0	电动机启动输入				
输出	Q0.0	控制电动机启停的输出				
停止按钮	I0.1	电动机停止输入				

图 7.20　电动机启/停控制语句表监控

程序段分为左边的代码区和右边的数据状态区(用蓝色字符显示)，操作数为指令元素的状态，操作数 3 的右边第一列是逻辑堆栈中的值，为有效操作，最右边的列是指令的使能输出(ENO)状态。

状态信息从位于编辑窗口顶端的第一条 STL 语句开始显示。向下滚动编辑器窗口时，将从 CPU 获取新的信息。

单击"工具"菜单功能区的"选项"按钮，打开"选项"对话框。选中左边窗口"STL"下面的"状态"，可以设置语句表程序状态监控的内容，每条指令最多可以监控 17 个操作数、逻辑堆栈中 4 个当前值和 1 个指令状态位。

语句表程序调试时,用鼠标右键单击程序状态中的启动按钮 I0.0 对应的操作数"OFF",执行对话框中的"强制"选项后,出现"强制"操作对话框,点击其上的"强制"按钮,则 I0.0 被强制为"ON",相当于启动按钮"按下",并在操作数"ON"旁边出现"强制"图标。此时,输出线圈 Q0.0 及其自锁触点对应的操作数也变为"ON",即电动机启动,如图 7.21 所示。

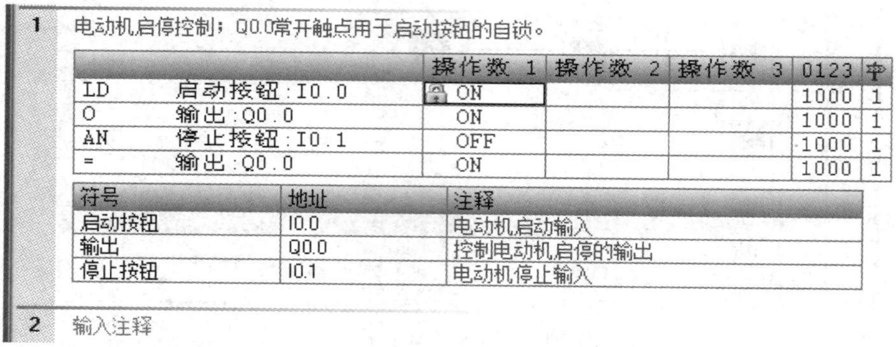

		操作数 1	操作数 2	操作数 3	0123	中
LD	启动按钮:I0.0	🔒 ON			1000	1
O	输出:Q0.0	ON			1000	1
AN	停止按钮:I0.1	OFF			1000	1
=	输出:Q0.0	ON			1000	1

符号	地址	注释
启动按钮	I0.0	电动机启动输入
输出	Q0.0	控制电动机启停的输出
停止按钮	I0.1	电动机停止输入

图 7.21　语句表程序状态调试

用鼠标右键点击 I0.0 对应的操作数"ON",执行快捷菜单中的"取消强制"命令,相当于启动按钮"松开",由于自锁的原因,线圈仍然带电,即电动机仍处于运行状态。

同理,可以对停止按钮 I0.1 进行操作,控制电动机的停止。

7.6.3　用状态表监控与调试程序

状态表用来在程序运行时,读写、强制改变和监控程序中的数据。若需要同时监控的变量不能在程序编辑器中同时显示,则使用状态表监控功能就很方便。

1. 生成和编辑状态表

双击指令树中的"状态表"文件夹中的"用户定义 1"图标,或执行菜单命令"查看"→"组件"→"状态表",都可以打开状态表,并可进行编辑,如图 7.22 所示。

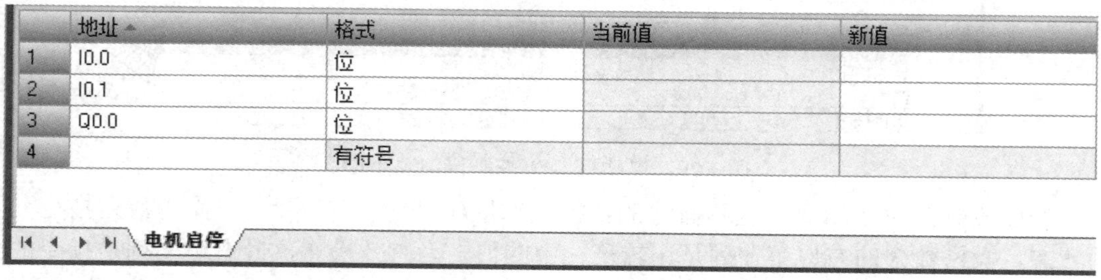

	地址	格式	当前值	新值
1	I0.0	位		
2	I0.1	位		
3	Q0.0	位		
4		有符号		

电机启停

图 7.22　用状态表监控

若要新建一个状态表,单击菜单命令中的"编辑"→"插入"→"状态表",或者右键点击指令树中的"状态表",再执行下拉菜单中的"插入"→"状态表"即可。

2. 启动和关闭状态表监控功能

在 PLC 处于 RUN 状态下,打开状态表,执行菜单命令中的"调试"→"开始状态表监控"，或单击工具栏上的"状态表监控"按钮，启动状态表监控功能。

在监控状态下，编程软件从 PLC 收集状态信息，在状态表的"当前值"列将会出现从 PLC 中读取的动态更新的数据。

执行菜单命令中的"调试"→"停止状态表监控"，或单击工具栏上的"状态表监控"按钮，可以关闭状态表监控功能。

3. 状态表调试程序

在程序运行过程中，可以对程序中的某些变量进行强制性赋值。赋值时，强制值输入该变量地址的"新值"栏中，然后点击调试工具栏上的"强制"按钮即可。若要取消强制赋值，则点击"取消强制"按钮。

7.7　运行模式下编辑用户程序

利用"在 RUN 模式下执行程序编辑"功能，无须将 PLC 切换为 STOP 模式即可对程序进行修改，并将相关变更下载至运行中的 PLC，无须停机即可对当前程序进行细微修改或更快速地执行程序调试。

只有 CPU224 型 1.10 版(或更高版本)、CPU226 型 1.00 版(或更高版本)才支持在 RUN 模式下编辑程序。

附录 A S7-200 系列 PLC 特殊寄存器标志

    S7-200 系列 PLC 特殊寄存器(SM)标志位能提供大量的状态和控制功能,并能起到在 CPU 和用户程序之间交换信息的作用。特殊寄存器标志位能以位、字节、字、或双字等形式使用,如表 A-1~表 A-4 所示。

表 A-1 S7-200PLC 特殊寄存器(SM)标志位

序号	SM 位	说　　明
1	SM0.0	该位始终为 1
2	SM0.1	该位在首次扫描时为 1,可用于初始化
3	SM0.2	若保持数据丢失,则该位在一个扫描周期中为 1。该位可用作错误存储器位,或用来调用特殊启动顺序功能
4	SM0.3	开机后进入 RUN 方式,该位将接通一个扫描周期,该位可用作在启动操作之前给设备提供一个预热时间
5	SM0.4	该位提供了一个时钟脉冲,30 s 为 1,30 s 为 0,周期为 1 min,它提供了一个简单易用的延时或 1 min 的时钟脉冲
6	SM0.5	该位提供了一个时钟脉冲,0.5 s 为 1,0.5 s 为 0,周期为 1 s,它提供了一个简单易用的延时或 1 s 的时钟脉冲
7	SM0.6	该位为扫描时钟,本次扫描时置为 1,下次扫描时置为 0,可用作扫描计数器的输入
8	SM0.7	该位指示 CPU 工作方式开关的位置(0 为 TERM 位置,1 为 RUN 位置)。当开关在 RUN 位置时,用该位可使自由端口通信方式有效,当切换至 TERM 位置时,同编程设备的正常通讯也会有效
9	SM1.0	当执行某次指令,其结果为 0 时,将该位置为 1
10	SM1.1	当执行某次指令,其结果溢出或查出非法数值时,将该位置为 1
11	SM1.2	当执行数学运算,其结果为负数时,将该位置为 1
12	SM1.3	试图除以零时,将该位置为 1
13	SM1.4	当执行 ATT 指令时,超出表范围将该位置为 1
14	SM1.5	当执行 LIFO 或 FIFO 指令,从空表中读数将该位置为 1
15	SM1.6	当试图把一个非 BCD 数转换为二进制数时,将该位置为 1
16	SM1.7	当 ASCII 码不能转换为有效的十六进制数时,将该位置为 1

序号	SM 位	说　　明
17	SM3.0	在端口 0 或端口 1 收到的字符中检测到一个奇偶校验错时,将该位置为 1
18	SM4.0	当通信中断队列溢出时,将该位置为 1
19	SM4.1	当输入中断队列溢出时,将该位置为 1
20	SM4.2	当定时中断队列溢出时,将该位置为 1
21	SM4.3	在运行时刻,发现编程问题时,将该位置为 1
22	SM4.4	该位指示全局中断允许位,当允许中断时,将该位置为 1
23	SM4.5	当(端口 0)发送空闲时,将该位置为 1
24	SM4.6	当(端口 1)发送空闲时,将该位置为 1
25	SM4.7	当发生强置时,将该位置为 1
26	SM5.0	当有 I/O 错误时,将该位置为 1
27	SM5.1	当 I/O 总线上连接了过多的数字量 I/O 点时,将该位置为 1
28	SM5.2	当 I/O 总线上连接了过多的模拟量 I/O 点时,将该位置为 1
29	SM5.3	当 I/O 总线上连接了过多的智能 I/O 模块时,将该位置为 1
30	SM5.7	当有 I/O 错误时,将该位置为 1
31	SM30.0	为端口 0 选择自由端口或系统协议
32	SM31.7	用户请求执行永久性内存保存操作(0 = 无请求,1 = 保存)。在每次扫描操作后,CPU 重设该位
33	SM36.5	HSC0 当前计数方向状态:1 = 增计数
34	SM36.6	HSC0 当前值等于预设值状态:1 = 相等
35	SM36.7	HSC0 当前值大于预设值状态:1 = 大于
36	SM37.0	HSC0 复位操作的有效电平控制位:0 = 高电平有效,1 = 低电平有效
37	SM37.2	HSC0 计数速率选择:0 = 4 × 速率,1 = 1 × 速率
38	SM37.3	HSC0 计数方向控制:0 = 减计数,1 = 增计数
39	SM37.4	HSC0 更新计数方向:0 = 无更新,1 = 更新
40	SM37.5	HSC0 更新预设值:0 = 无更新,1 = 更新
41	SM37.6	HSC0 更新当前值:0 = 无更新,1 = 更新
42	SM37.7	HSC0 启用:0 = 禁用,1 = 启用
43	SM46.5	HSC1 当前计数方向状态:1 = 增计数
44	SM46.6	HSC1 当前值等于预设值状态:1 = 相等
45	SM46.7	HSC1 当前值大于预设值状态:1 = 大于
46	SM47.0	HSC1 复位操作的有效电平控制位:0 = 高电平有效,1 = 低电平有效
47	SM47.1	HSC1 启动有效电平控制位:0 = 高电平,1 = 低电平
48	SM47.2	HSC1 计数速率选择:0 = 4 × 速率,1 = 1 × 速率

续表二

序号	SM 位	说　　　明
49	SM47.3	HSC1 计数方向控制：0 = 减计数，1 = 增计数
50	SM47.4	HSC1 更新计数方向：0 = 无更新，1 = 更新
51	SM47.5	HSC1 更新预设值：0 = 无更新，1 = 更新
52	SM47.6	HSC1 更新当前值：0 = 无更新，1 = 更新
53	SM47.7	HSC1 启用：0 = 禁用，1 = 启用
54	SM56.5	HSC2 当前计数方向状态：1 = 增计数
55	SM56.6	HSC2 当前值等于预设值状态：1 = 相等
56	SM56.7	HSC2 当前值大于预设值状态：1 = 大于
57	SM57.0	HSC2 复位操作的有效电平控制位：0 = 高电平有效，1 = 低电平有效
58	SM57.1	HSC2 启动有效电平控制位：0 = 高电平，1 = 低电平
59	SM57.2	HSC2 计数速率选择：0 = 4 × 速率，1 = 1 × 速率
60	SM57.3	HSC2 计数方向控制：0 = 减计数，1 = 增计数
61	SM57.4	HSC2 更新计数方向：0 = 无更新，1 = 更新
62	SM57.5	HSC2 更新预设值：0 = 无更新，1 = 更新
63	SM57.6	HSC2 更新当前值：0 = 无更新，1 = 更新
64	SM57.7	HSC2 启用：0 = 禁用，1 = 启用
65	SM66.4	POT0 概况异常终止：0 = 无错误，1 = 由于 δ 计算错误异常终止
66	SM66.5	POT0 概况异常终止：0 = 未使用用户命令异常终止，1 = 使用用户命令异常终止
67	SM66.6	POT0 流水线溢出(当使用外部概况时，由系统清除，否则必须由用户重设)：0 = 无溢出，1 = 流水线溢出
68	SM66.7	POT0 空闲：0 = PTO 正在使用，1 = POT 空闲
69	SM67.0	POT0/PTW0 更新周期时间值：1 = 写入新的周期时间
70	SM67.1	POT0/PTW0 更新脉冲宽度值：1 = 写入新的脉冲宽度
71	SM67.2	POT0 脉冲计数值：1 = 写入新的脉冲计数
72	SM67.3	POT0/PTW0 时基：0 = 1 μs/滴答，1 = 1 ms/滴答
73	SM67.4	同步更新 PTW0：0 = 非同步更新，1 = 同步更新
74	SM67.5	POT0 操作模式：0 = 单段操作，1 = 多段操作
75	SM67.6	POT0/PTW0 选择模式：0 = PTO，1 = PTW
76	SM67.7	POT0/PTW0 启用：1 = 启用
77	SM76.4	POT1 概况异常终止：0 = 无错误，1 = 由于 δ 计算错误异常终止
78	SM76.5	POT1 概况异常终止：0 = 未使用用户命令异常终止，1 = 使用用户命令异常终止

序号	SM 位	说　明
79	SM76.6	POT1 流水线溢出(当使用外部概况时，由系统清除，否则必须由用户重设)；0 = 无溢出，1 = 流水线溢出
80	SM76.7	POT1 空闲：0 = PTO 正在使用，1 = POT 空闲
81	SM77.0	POT1/PTW1 更新周期时间值：1 = 写入新的周期时间
82	SM77.1	POT1/PTW1 更新脉冲宽度值：1 = 写入新的脉冲宽度
83	SM77.2	POT1 脉冲计数值：1 = 写入新的脉冲计数
84	SM77.3	POT1/PTW1 时基：0 = 1 μs/滴答，1 = 1 ms/滴答
85	SM77.4	同步更新 PTW1：0 = 非同步更新，1 = 同步更新
86	SM77.5	POT0 操作模式：0 = 单段操作，1 = 多段操作
87	SM77.6	POT1/PTW1 模式选择：0 = PTO，1 = PTW
88	SM77.7	POT1/PTW1 启用：1 = 启用
89	SM86.0	1 = 接受信息终止；奇偶校验错误
90	SM86.1	1 = 接受信息终止；达到最大字符计数
91	SM86.2	1 = 接受信息终止；计时器到期
92	SM86.5	1 = 接受信息终止；收到结束字
93	SM86.6	1 = 接受信息终止；输入参数错误或缺少起始、结束条件
94	SM86.7	1 = 接受信息终止；用户禁用命令
95	SM87.1	0 = 忽略断开条件；1 = 将断开条件用作信息检测的开始
96	SM87.2	0 = 忽略 SMW92；1 = 如果超过 SMW92 中的时段，终止接受
97	SM87.3	0 = 计时器是字符间计时器；1 = 计时器是信息计时器
98	SM87.4	0 = 忽略 SMW90；1 = 使用 SMW90 数值检测空闲条件
99	SM87.5	0 = 忽略 SMW89；1 = 使用 SMW89 数值检测信息结束
100	SM87.6	0 = 忽略 SMW88；1 = 使用 SMW88 数值检测信息开始
101	SM87.7	0 = 接收信息功能被禁用；1 = 接收信息功能被启用
102	SM130.0	为端口 1 选择的自由端口或系统协议
103	SM136.5	HSC3 当前计数方向状态：1 = 增计数
104	SM136.6	HSC3 当前值等于预设值状态：1 = 相等
105	SM136.7	HSC3 当前值大于预设值状态：1 = 大于
106	SM137.3	HSC3 计数方向控制：0 = 减计数，1 = 增计数
107	SM137.4	HSC3 更新计数方向：0 = 无更新，1 = 更新
108	SM137.5	HSC3 更新预设值：0 = 无更新，1 = 更新
109	SM137.6	HSC3 更新当前值：0 = 无更新，1 = 更新

续表四

序号	SM 位	说　　明
110	SM137.7	HSC3 启用：0＝禁用，1＝启用
111	SM146.5	HSC4 当前计数方向状态：1＝增计数
112	SM146.6	HSC4 当前值等于预设值状态：1＝相等
113	SM146.7	HSC4 当前值大于预设值状态：1＝大于
114	SM147.0	HSC4 复位操作的有效电平控制位：0＝高电平有效，1＝低电平有效
115	SM147.2	HSC4 计数速率选择：0＝4×速率，1＝1×速率
116	SM147.3	HSC4 计数方向控制：0＝减计数，1＝增计数
117	SM147.4	HSC4 更新计数方向：0＝无更新，1＝更新
118	SM147.5	HSC4 更新预设值：0＝无更新，1＝更新
119	SM147.6	HSC4 更新当前值：0＝无更新，1＝更新
120	SM147.7	HSC4 启用：0＝禁用，1＝启用
121	SM156.5	HSC5 当前计数方向状态：1＝增计数
122	SM156.6	HSC5 当前值等于预设值状态：1＝相等
123	SM156.7	HSC5 当前值大于预设值状态：1＝大于
124	SM157.3	HSC5 计数方向控制：0＝减计数，1＝增计数
125	SM157.4	HSC5 更新计数方向：0＝无更新，1＝更新
126	SM157.5	HSC5 更新预设值：0＝无更新，1＝更新
127	SM157.6	HSC5 更新当前值：0＝无更新，1＝更新
128	SM157.7	HSC5 启用：0＝禁用，1＝启用
129	SM186.0	1＝接受信息终止；奇偶校验错误
130	SM186.1	1＝接受信息终止；达到最大字符计数
131	SM186.2	1＝接受信息终止；计时器到期
132	SM186.5	1＝接受信息终止；收到结束字
133	SM186.6	1＝接受信息终止；输入参数错误或缺少起始、结束条件
134	SM186.7	1＝接受信息终止；用户禁用命令
135	SM187.1	0＝忽略断开条件；1＝将断开条件用作信息检测的开始
136	SM187.2	0＝忽略 SMW192；1＝如果超过 SMW192 中的时段，终止接受
137	SM187.3	0＝计时器是字符间计时器；1＝计时器是信息计时器
138	SM187.4	0＝忽略 SMW190；1＝使用 SMW190 数值检测空闲条件
139	SM187.5	0＝忽略 SMW189；1＝使用 SMW189 数值检测信息结束
140	SM187.6	0＝忽略 SMW188；1＝使用 SMW188 数值检测信息开始
141	SM187.7	0＝接收信息功能被禁用；1＝接收信息功能被启用

表 A-2　S7-200PLC 特殊存储器(SM)标志字节

序号	SM 字节	说　明
1	SMB2	包含在自由端口通信过程中从端口 0 或端口 1 接收到的每个字符
2	SMB6	识别 CPU 模型号码
3	SMB8	模块 0 标识符寄存器
4	SMB9	模块 0 错误寄存器
5	SMB10	模块 1 标识符寄存器
6	SMB11	模块 1 错误寄存器
7	SMB12	模块 2 标识符寄存器
8	SMB13	模块 2 错误寄存器
9	SMB14	模块 3 标识符寄存器
10	SMB15	模块 3 错误寄存器
11	SMB16	模块 4 标识符寄存器
12	SMB17	模块 4 错误寄存器
13	SMB18	模块 5 标识符寄存器
14	SMB19	模块 5 错误寄存器
15	SMB20	模块 6 标识符寄存器
16	SMB21	模块 6 错误寄存器
17	SMB28	设为与模拟调节 0 对应的数值
18	SMB29	设为与模拟调节 1 对应的数值
19	SMB30	配置端口 0 通信：奇偶校验、每个字符的数据位数目、波特率和协议
20	SMB31	设置保存参数，以便将存储在 V 内存中的一个数值保存至永久性内存中
21	SMB34	指定中断 0 的时间间隔(从 1～255 ms，以 1 ms 为增量)
22	SMB35	指定中断 1 的时间间隔(从 1～255 ms，以 1 ms 为增量)
23	SMB36	HSC0 计数器状态
24	SMB37	配置与控制 HSC0
25	SMB46	HSC1 计数器状态
26	SMB47	配置与控制 HSC1
27	SMB56	HSC2 计数器状态
28	SMB57	配置与控制 HSC2
29	SMB66	PTO0 状态
30	SMB67	用于 Q0.0 的监管和控制 PTO0(脉冲链输出)和 PWM0(脉冲宽度调制)
31	SMB76	PTO1 状态
32	SMB77	用于 Q0.0 的监管和控制 PTO1(脉冲链输出)和 PWM1(脉冲宽度调制)

序号	SM 字节	说　明
33	SMB86	Port0 接收信息状态
34	SMB87	接收信息控制
35	SMB88	信息字符开始
36	SMB89	信息字符结束
37	SMB94	接收到的最大字符数(1~255B)
38	SMB130	配置端口 0 通信：奇偶校验、每个字符的数据位数目、波特率和协议
39	SMB136	HSC3 计数器状态
40	SMB137	配置与控制 HSC3
41	SMB146	HSC4 计数器状态
42	SMB147	配置与控制 HSC4
43	SMB156	HSC5 计数器状态
44	SMB157	配置与控制 HSC5
45	SMB166	PTO0 现用概况步骤的当前条目数
46	SMB176	PTO1 现用概况步骤的当前条目数
47	SMB186	Port1 接收信息状态
48	SMB187	接收信息控制
49	SMB188	信息字符开始
50	SMB189	信息字符结束
51	SMB194	接收到的最大字符数(1~255B)

表 A-3　S7-200PLC 特殊存储器(SM)标志字

序号	SM 字	说　明
1	SMW22	最后一次扫描周期的扫描时间
2	SMW24	自从进入运行模式以来记录的最短扫描时间
3	SMW26	自从进入运行模式以来记录的最长扫描时间
4	SMW32	存储将要保存的 V 内存位置地址
5	SMW68	字数据类型：PTO0/PWM0 周期时间值(2~65 535 个时基单位)
6	SMW70	字数据类型：PWM0 脉冲宽度值(0~65 535 个时基单位)
7	SMW78	字数据类型：PTO1/PWM1 周期时间值(2~65 535 个时基单位)
8	SMW80	字数据类型：PWM1 脉冲宽度值(0~65 535 个时基单位)
9	SMW90	空闲行时段以 ms 为单位表示
10	SMW92	字符间/信息计时器超时数值以 ms 为单位表示

续表

序号	SM 字	说　明
11	SMW98	自从最后一次电源启动以来在 I/O 扩展总线上出现的错误数目
12	SMW168	字数据类型：PTO0 概况表的 V 内存地址作为 V0 的偏移给出
13	SMW178	字数据类型：PTO1 概况表的 V 内存地址作为 V1 的偏移给出
14	SMW190	空闲行时段以 μs 为单位表示
15	SMW192	字符间/信息计时器超时数值以 μs 为单位表示

表 A-4　S7-200PLC 特殊存储器(SM)标志双字

序号	SM 双字	说　明
1	SMD38	HSC0 新的当前值
2	SMD42	HSC0 新的预设值
3	SMD48	HSC1 新的当前值
4	SMD52	HSC1 新的预设值
5	SMD58	HSC2 新的当前值
6	SMD62	HSC2 新的重设值
7	SMD72	双字数据类型：PTO0 脉冲计数值
8	SMD82	双字数据类型：PTO1 脉冲计数值
9	SMD138	HSC3 新的当前值
10	SMD142	HSC3 新的预设值
11	SMD148	HSC4 新的当前值
12	SMD152	HSC4 新的预设值
13	SMD158	HSC5 新的当前值
14	SMD162	HSC5 新的预设值

附录 B　S7-200 系列 PLC 中断事件

S7-200PLC 最多可以有 34 个中断源，每个中断源分配一个识别编号，称为中断事件编号。这些中断源分为三大类：通信中断、输入/输出(I/O)中断和时基中断。中断事件的编号及其描述如表 B-1 所示。

表 B-1　中断事件的编号及其描述

中断号	中断描述	优先级分组	按组排列的优先级
8	通信口 0：接收字符		0
9	通信口 0：发送完成		0
23	通信口 0：接收信息完成		0
24	通信口 1：接收字符	通信(最高)	1
25	通信口 1：发送完成		1
26	通信口 1：接收信息完成		1
19	PTO0 完全中断		0
20	PTO1 完全中断		1
0	I0.0 上升沿		2
2	I0.1 上升沿		3
4	I0.2 上升沿		4
6	I0.3 上升沿		5
1	I0.0 下降沿		6
3	I0.1 下降沿		7
5	I0.2 下降沿	I/O(中等)	8
7	I0.3 下降沿		9
12	HSC0　CV = PV		10
27	HSC0 方向改变		11
28	HSC0 外部复位		12
13	HSC1　CV = PV		13
14	HSC1 方向改变		14
15	HSC1 外部复位		15

中断号	中断描述	优先级分组	按组排列的优先级
16	HSC2　CV = PV		16
17	HSC2 方向改变		17
18	HSC2 外部复位		18
32	HSC3　CV = PV		19
29	HSC4　CV = PV	I/O(中等)	20
30	HSC4 方向改变		21
31	HSC4 外部复位		22
33	HSC5　CV = PV		23
10	定时中断 0		0
11	定时中断 1		1
21	定时器 T32　CT = PT 中断	定时(最低)	2
22	定时器 T96　CT = PT 中断		3

附录 C　S7-200 系列 PLC 技术指标

　　S7-200 PLC 主要有 CPU221、CPU222、CPU224、CPU224XP、CPU226 五种规格的 CPU 模块，其性能依次增强，特别是在用户程序存储器容量、I/O(数字量与模拟量)数量、高速计数器功能等方面有明显的区别。S7-200 PLC CPU 模块的主要技术指标如表 C-1 所示。

附录 C-1　S7-200 PLC CPU 模块的主要技术指标

型号/指标	CPU221	CPU222	CPU224	CPU224XP	CPU226
程序存储器/B/在线	4096		8192	12288	16384
程序存储器/B/非在线	4096		12288	16384	24576
数据存储器/B	2048		8192	10240	
掉电保持/h	50		100		
本机数字量 I/O	6 入/4 出	8 入/6 出	14 入/10 出		24 入/16 出
本机模拟量 I/O				2 入/1 出	
扩展模块数量		2	7		
数字量 I/O 映像区	128 入/128 出				
模拟量 I/O 映像区		16 入/16 出	32 入/32 出		
脉冲捕捉输入/个	6	8	14		24
高速计数器/个	4		6		
高速脉冲输出/个	2 (20 kHz，DC)		2 (100 kHz，DC)		2 (20 kHz，DC)
布尔指令执行速度	0.22 μs/指令				
定时器/计数器	256/256				
定时中断/个	2 (1 ms 分辨率)				
模拟量调节电位器/个	1 (8 位分辨率)		2 (8 位分辨率)		
实时时钟	有(时钟卡)		内置		
RS485 通信口/个	1		2		
供电能力/mA	DC 5 V	0	340	660	1000
	DC 24 V	180	280		400

附录 D　I/O 扩展模块类型

S7-200 PLC 主机 I/O 点数不能满足控制要求时，就需要选配相应的 I/O 扩展模块。I/O 扩展模块包括数字量扩展与模拟量扩展两大类，每一类中又有不同的型号与规格。S7-200 PLC 的扩展模块类型与规格如表 D-1 所示。

表 D-1　S7-200 PLC 的扩展模块类型与规格

模　块	型　号	规　格	DC5V 电流
数字量扩展模块 (DI/DO 模块)	EM221(DI 模块)	DI×8×24VDC	30 mA
		DI×8×120/230VAC	30 mA
		DI×16×24VDC	70 mA
	EM222(DO 模块)	DO×4×24VDC	40 mA
		DO×4×继电器	30 mA
		DO×8×24VDC	50 mA
		DO×8×120/230VAC	110 mA
		DO×8×继电器	40 mA
	EM223(DI+DO 模块)	DI×4/DO×4×24VDC	40 mA
		DI×4/DO×4×24VDC/继电器	40 mA
		DI×8/DO×8×24VDC	80 mA
		DI×8/DO×8×24VDC/继电器	80 mA
		DI×16/DO×16×24VDC	160 mA
		DI×16/DO×16×24VDC/继电器	150 mA
		DI×32/DO×32×24VDC	240 mA
		DI×32/DO×32×24VDC/继电器	205 mA
模拟量扩展模块 (AI/AO 模块)	EM231(AI 模块)	AI×4	20 mA
		AI×8	20 mA
	EM232(AO 模块)	AO×2	20 mA
		AO×4	20 mA
	EM235(AI + AO 模块)	AI×4/AO×1	30 mA

参 考 文 献

[1]　刘华波. 西门子 S7-200PLC 编程及应用案例精选[M]. 北京：机械工业出版社，2012.

[2]　廖常初. PLC 编程及应用[M]. 4 版. 北京：机械工业出版社，2017.

[3]　陈建明. 电气控制与 PLC 应用[M]. 3 版. 北京：电子工业出版社，2014.

[4]　何文雪，刘华波，吴贺荣. PLC 编程与应用[M]. 北京：机械工业出版社，2017.

[5]　朱文杰. S7-200PLC 编程设计与应用[M]. 北京：机械工业出版社，2017.

[6]　黄永红. 电气控制与 PLC 应用技术[M]. 2 版. 北京：机械工业出版社，2019.

[7]　严盈富. PLC 实战指南[M]. 北京：电子工业出版社，2014.

[8]　姜建芳. 西门子 S7-200PLC 工程应用技术教程[M]. 北京：机械工业出版社，2010.

[9]　李长久. PLC 编程及应用[M]. 2 版. 北京：机械工业出版社，2016.

[10]　何川. 基于 PLC 的智能温室监控系统[D]. 电子科技大学，2010.

[11]　邹洁. 基于 PLC 恒压变频供水系统的设计与实现[D]. 内蒙古大学，2012.

[12]　Siemens AG. S7-200 可编程控制器系统手册. 2009.